物 理 的 奥 秘

U0334071

英国Future出版公司　著

梁乾阳　译

SPM 南方传媒 | 广东人民出版社

·广州·

图书在版编目（CIP）数据

物理的奥秘 / 英国Future出版公司著；梁乾阳译. — 广州：广东人民出版社，2024.9
　　书名原文：Understanding Physics
　　ISBN 978-7-218-17489-1

Ⅰ.①物… Ⅱ.①英… ②梁… Ⅲ.①物理学—普及读物 Ⅳ.①O4-49

中国国家版本馆CIP数据核字（2024）第068812号

著作权合同登记号：图字19-2024-047

Understanding Physics
© 2022 Future Publishing Limited

WULI DE AOMI
物理的奥秘

英国 Future 出版公司　著　梁乾阳　译　　　　　　　　版权所有　翻印必究

出 版 人：肖风华

责任编辑：吴福顺
责任技编：吴彦斌　马　健

出版发行：广东人民出版社
地　　址：广州市越秀区大沙头四马路10号（邮政编码：510199）
电　　话：（020）85716809（总编室）
传　　真：（020）83289585
网　　址：http://www.gdpph.com
印　　刷：天津睿和印艺科技有限公司
开　　本：787毫米 × 1092毫米　　1/16
印　　张：8　　　　字　　数：192千
版　　次：2024年9月第1版
印　　次：2024年9月第1次印刷
定　　价：68.00元

如发现印装质量问题，影响阅读，请与出版社（020-87712513）联系调换。
售书热线：（020）87717307

欢迎来到
《物理的奥秘》
▼

　　物理学是一门为其他自然科学奠定基础的科学。无论是用球拍击球这样的简单运动，还是科学家为了探索宇宙终极奥秘，在价值几十亿美元的加速器中以近似光速的速度猛烈撞击粒子的活动，都蕴含着物理学的基本原理。要面面俱到地在一本书中讲清楚物理学所涵盖的各种原理非常困难，但我们已经尽力了！翻开本书，你会理解重力是如何让我们"脚踏实地"的，时间旅行是否可行……

目录

日常物理学

6　重力的原理

10　声音的力量

14　能量守恒定律

15　解释加速度

16　磁之力

20　离心力与向心力

22　折射、彩虹与海市蜃楼

24　电学基础

28　身体摆动背后的科学

宏大的物理理论

32　时空旅行新手指南

40　牛顿运动三定律

41　相对论入门

42　什么是弦理论？

45　物质与反物质

50　检验霍金的理论

高科技应用

54　核能

60　微观科学

66　为何超导体如此高效？

69　原子碰撞机的内部

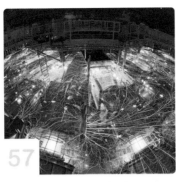

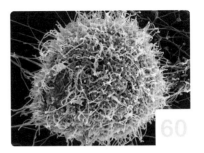

走向"极端"的物理学

76　量子计算的威力比
　　笔记本电脑强大一亿倍

84　极端温度

89　致命辐射

96　隐藏的宇宙

100　原子的力量

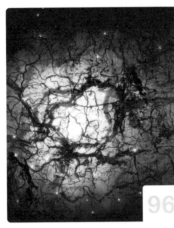

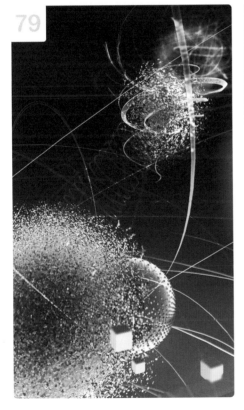

物理与宇宙

108　宇宙法则

114　地球为何旋转？

116　光速的秘密和
　　宇宙最快的物质

122　测量星系质量

日常物理学

18

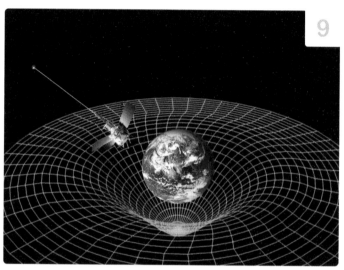

9

11

20

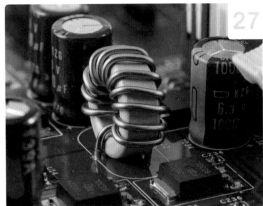

27

15

28

22

重力的原理

解释形成恒星、让我们"脚踏实地"的神秘力量

在艾萨克·牛顿（Isaac Newton）的所有革命性发现中，最厉害的可能就是解开了万有引力之谜。17 世纪 60 年代，牛顿看到一个苹果落在地上，大胆发问："这是为什么呢？" 为什么苹果不慢慢往上飘？为什么水总是往低处流？为什么月球会保持在围绕地球的轨道上，而不是飞向太空？在牛顿所处的时代，这些都是具有近乎宗教意义的问题。

牛顿没有冥思苦想神谕方面的问题，而是发明出了几个公式。他在 1687 年发表的论文《原理》（*Principia*）中提出了万有引力定律（law of universal gravitation），即宇宙中的每一个物质粒子都会以一种可测量的力量吸引宇宙中的其他物质粒子，这种力量被称为"引力"（以拉丁文中的重量"gravitas"命名）。引力的大小随物体质量的增大而增大，随物体之间距离的增大而减

小。换句话说，物体越重，它产生的引力就越大，而你离物体越近，你们之间的引力就越大。

以下就是牛顿巧妙计算两个物体之间引力 F 的简约公式，其中 m_1 和 m_2 分别代表两个物体的质量，r 是两个物体质量中心之间的距离，G 是通用的万有引力常量。

$$F = G \times \frac{m_1 \times m_2}{r^2}$$

牛顿万有引力定律最神奇之处在于它适用于万物。尽管可能难以想象，但事实就是，不仅苹果和地球之间存在引力，你和苹果之间也存在引力。实质上，任何两个有质量的物体，无论是巨大无比的宇宙星系还是极其微小的原子，都会对彼此产生引力。

如果真是这样，为什么当一辆大卡车经过时我们不被突然吸向街道，或被吸到摩天大楼的基

太阳系各个天体的引力

正如牛顿在 17 世纪提出的理论，每一个物质粒子都会对其他物质粒子产生引力。如果你把大量的物质集中在一个地方，所产生的引力将比松散的粒子大得多。质量是对特定物体所含物质的度量。质量越大，物质拥有的引力就越大。宇宙中的每颗行星、月球、恒星和星系的质量都不同，因此产生了各自不同的引力。地球的质量能让它以 $9.8m/s^2$（$32.2ft/s^2$）的加速度将一个下落的物体拉向地面。相比之下，太阳的质量是地球的 333 000 倍。因此，在太阳表面附近坠落的物体将以接近 $274m/s^2$（$899ft/s^2$）的加速度向下落，这要比我们星球上的物体下落的加速度大 28 倍！

微重力

科学家们利用轨道上的国际空间站，在距离地球表面 370km 的微重力环境下开展实验。微重力环境下，火焰不会受对流吸引而呈上升状。微重力下稳定、缓慢燃烧的火焰使科学家能够更好地理解地球和地球以外的燃烧过程。

太阳 28g

水星 0.378g

地球 1.00g

水星 2.36g

土星 0.916g

海王星 1.12g

金星 0.907g

火星 0.377g

天王星 0.889g

冥王星 0.059g

自然界中物体之间的引力往往很微弱，这就是为什么磁铁可以轻易地"秒杀"引力、吸起下方的金属物体。

卫星轨道的原理

目前有超过 900 颗卫星围绕地球运行，可它们是如何在没有任何动力支持的情况下保持在轨道上的呢？在轨道上的卫星不需要动力，因为它们实际上处于受控的自由落体状态中。卫星首先被放置在运载火箭的端部，然后被发射到太空中。火箭必须提供足够的推力以摆脱地球引力。一旦进入太空，卫星就被释放到一个垂直的轨道上。但是，卫星并不会飞离地球，而是"落入"一个由地球引力形成的椭圆形轨道上。

座上呢？因为以上公式中的"大 G"实际上极其微小——大约是 $6.67 \times 10^{-11}N \cdot (m/kg)^2$。没错，小数点向左移动 11 位！因此，除非两个物体的质量乘积极其大，否则二者之间的引力往往难以察觉。

地球就算得上是一个极其大的物体，其质量约为 $5.97219 \times 10^{24}kg$。放在宇宙中看地球质量并不大，但相比之下，人体的质量（注意，不是重量）一般接近于 70kg。如果把地球的质量作为 m_1、人体的质量作为 m_2 带入万有引力公式，然后把地球的半径带入 r，就会得到约 686N 的力。

这就是你和地球之间的引力——换句话说，你自身的质量通过重力施加的力即是你在地球表面的重量。可是，如果你在巡航高度约为海拔 12200m 的巨型喷气机上时计算这个量，会比在地面上的重力少整整两个牛顿，因为你的重心和地球重心之间的距离更大了。

根据牛顿第二定律，我们知道，力等于质量乘以加速度（表示为 $f=ma$）。利用本书第 40 页展示的牛顿运动定律，我们可以算出你和地球之间的引力。由于我们知道你和地球的组合质量，从而解出重力加速度（$a=f/m$）。其值是 9.8m/s²（32.2ft/s²），也被称为"小 g"。g 和 G 一样是一个常数，但只对地球表面或接近地球表面的物体而言。这意味着在月球或太阳附近，g 就和 9.8 无关了。

小 g 很关键，它解释了为什么所有物体的下落速度都相同，即使质量大不相同。举个例子，如果你把一辆宝马轿车和一个保龄球从迪拜的哈利法塔酒店（目前是世界上最高的建筑）顶部推下来，二者会同时落到地面上。羽毛或降落伞等质量小、表面积大的物体是唯一的例外，由于向上的阻力，这类物体会缓慢飘落。不过，在一个没有空气的环境中，例如真空实验室或月球表面，就不会出现这种情况，不管你信不信，羽毛和保龄球都会以完全相同的速度下落。

请注意，重力是两个物体之间的吸引力；也就是说，重力是一个双向的过程。不仅你被 686N（约 70kg 物体的重力）的力吸引到地球上，地球也以同样的力被你吸引。事实上，如果你从树上掉下来，以 9.8m/s²（32.2ft/s²）的加速度向地球加速，地球也在向你加速。但这好像不可能，对吧？当人们从树上摔下来，地球并不会脱离其运行轨道上向他们靠近。区别在于二者加速度不同。如果 $a=f/m$，f 是 686N，那么随着质量越来越大，加速度会越来越小。理论上讲，地球也在向你和其他所有坠落的物体加速靠近，但这个加速度是如此之小，且地球的惯性和动量是如此之大，以至于从远处根本无法检测到任何摆动。

牛顿的万有引力定律虽然为我们提供了计算宇宙中几乎所有引力和加速度的物理学知识，但并没有解释引力的实质以及引力在原子层面的作用原理。

阿尔伯特·爱因斯坦用他在 20 世纪初发表的广义相对论回应了这一问题，该理论将重力解释为时空连续体中的一条曲线。爱因斯坦认为，在我们的三维宇宙之外，还有一个第四维的空间和时间。行星等大质量的物体可以像蹦床上的保龄球一样扭曲时空维度。就好比你在蹦床上滚动一颗弹珠，弹珠会由于蹦床面的扭曲而滚向保龄球。行星在围绕太阳等巨大天体的轨道上旋转时也是如此，宇宙光束在经过黑洞时也会发生弯曲。

但即使是爱因斯坦的革命性理论也没有解释引力的产生与原理。究竟是什么让两个物体之间产生这种力量？今天，许多物理学家认为，引力的相互作用由难以测量的无质量粒子产生，这些粒子被称为引力子。也有些科学家认为其与引力波有关，引力波是一种由大质量中子星碰撞或超新星的爆炸产生的几乎无法探测的引力冲击波。

尽管我们的理解还存在局限性，但从 17 世纪一个苹果从树上掉下来开始，我们渐渐对引导宇宙的神秘力量有了深刻理解。引力，这种使我们的脚步牢牢地站在地面上，并随着月亮的远近而决定全球潮汐的力量，似乎是数十亿年前将原始宇宙元素结合在一起、形成第一批恒星和星系的古老力量。如果不是很忙，下次你从高高的树上掉下来时，可以思考一下这个问题……

上升的物体……

腾空而起是一个能让人在地球上体验到失重的有趣的办法。图中这辆摩托车的飞行轨道是一条抛物线——与美国航空航天局（NASA）的飞机为宇航员做好零重力准备而飞行的轨迹相同。

升空·
摩托车升空的一瞬间，重力减小到零，骑手会体验到失重的感觉。

真正的失重·
抛物线最高处，由于没有空气阻力的作用，骑手能体验到地球上最接近真正失重的感觉。

加速·
骑着摩托车在平地上前行，达到约 104km/h 的速度时，会受到正常重力作用。

从水平到垂直·
骑着自行车爬上 45 度的坡道时，人和车被迫逆着重力上升，增大了骑手所感受到的重力（G）。

"小 g 的发现意义重大，因为它解释了为什么物体落到地面的速度都相同。"

重力能扭曲时间和空间

美国航空航天局正在利用重力探测器 B（左上图）测试爱因斯坦的广义相对论。他认为行星等大质量的物体会扭曲空间和时间——正如在这张图片中代表时空的框架所示。更大的质量意味着更多的扭曲和更大的引力。在这张艺术家的概念图中，你可以看到美国航空航天局重力探测器 B 的超灵敏陀螺仪是如何探测到地球对空间和时间的引力作用，以及由此产生的扭曲。

找出重心

计算重力加速度，需要知道物体一和物体二的重心之间的距离。但如何计算出其重心呢？对于像地球这样的球体，确定重心很容易。重心是球体的正中心。因此，人体的重心和地球的重心之间的距离近似等于地球半径。对于像苹果或人体这样不规则形状的物体，重心为物体质量均匀分布的中心。实际应用中，可以通过找到物体的平衡点来确定其重心。

下落
以 104km/h 的起始速度，一辆摩托车从 45 度的坡道上腾空而起，前进了 22 米后，被重力拉回地面。

着陆
摩托车着陆时，骑手经受的重力大于其平时的重力。倾斜的着陆坡道可以减少重力。

锤子与羽毛

牛顿的万有引力定律指出，质量大的物体会产生更大的引力。但力与加速度不是一回事。哪个物体先落地本质上是加速度的问题。做数学计算时你会发现，任何物体无论其质量大小，在地球表面附近都有相同的重力加速度。公式如下：

$$a = f/m$$
$$或 \ a = (m \times 9.8m/s^2)/m$$
$$或 \ a = 9.8m/s^2$$

在地球上羽毛下落较慢只是因为受到了空气阻力的作用。而在像太空这样的完美真空环境中，羽毛和锤子会精准地同时落地。

测量重力

得益于牛顿的发现，重力成了一种可以度量的力。国际标准的力的单位牛顿（N）就由此而来。地球表面，0.98N 大约等于 100g 的物体的重力大小。同样地，1kg 的质量会施加 9.8N 的竖向力。物理学家使用公式 $f=ma$（力 = 质量 × 加速度）来计算重力。由于地球上的重力加速度（小 g）是 9.8m/s²，我们可以很容易地计算出任何具有一定质量的物体的重力。普通人的质量为 70kg，乘以 9.8 就得到了 686N。重力使每个人都稳稳站在地面上。

牛顿发现万有引力，受到了罗伯特·波义耳（Robert Boyle）、西蒙·斯特文（Simon Stevin）和勒内·笛卡尔（René Descartes）等许多科学家的启发。

声音的力量

从雷声到婴儿的细语，生命的声音是一部声波振动的交响乐

树林里倒下的树撞击地面时，碰撞的力量使树干、树枝和树叶，还有地面上的泥土、岩石的分子振动。这些振动会以大约 1236km/h 的速度向四面八方扩展，形成高低气压交替的纵波并进行传播。附近是否有耳膜接收这些声波，并将其送到大脑中解码并不重要。声音等同于振动。

想象一下，以超慢的速度击打鼓面。用鼓槌击鼓，鼓面会瞬间压缩，然后向外反弹。每一次压缩，鼓面周围的空气压力都会减小，而鼓面每一次弹出，空气压力都会增大。当鼓面继续振动时，会发出振荡的压力脉冲，干扰鼓周围的空气分子。高压使空气分子瞬间压缩在一起，低压则将其拉回原处。这就是声波也被称为压缩波的原因。声波在物质中运动，就好比弹簧玩具在楼梯上跳动。

当然，击鼓的时候，鼓面并不是唯一振动的物体。鼓的木质支架和金属部件也在振动，振动的频率略有不同。击鼓的声波不仅会穿过空气分子，而且会穿过所有分子——固体、液体和气体。事实上，声音在固体中的传播速度比在其他任何材料中都更快（比空气快 15 倍），因为固体中的分子排列得最紧密。鼓的振动也会反弹到房间的墙壁上，几毫秒后以回声的形式返回到听者处。这就会产生初级和次级声波、谐波和声学的复杂交互，即我们所谓的音乐（或者噪声）。

把声波想象成一系列经典正弦波。绘制声波图时，X 轴代表时间，Y 轴代表气压。中心线以上是正气压，以下是负气压。声音的三个特征是响度（音量）、音调（频率）、共鸣，都由其声波形状决定。波峰越高，振幅就越大。振幅是对声音产生的气压（或声压）高低的测量，也就是我们听到的响度大小。振幅以 dB（分贝）表示。0dB 代表可感知的最小声音，大约是 20μPa 的声压。正常的对话大约是 60dB，而气钻（手提钻）工作时的声音是 100dB。最新"声音武器"产生的声波爆炸能达到 150dB，超过了耳膜疼痛的阈值。

频率是对每秒钟产生多少声波的衡量。每秒一个波的周期（波峰到波峰或波谷到波谷）等于 1Hz（赫兹）。我们听到的频率差异就是音高。

世界上最吵的噪声

1 ～ 11 级分贝水平

·1 摇滚音乐会 100 ～ 130dB·
高压声波（铙钹）在120dB时可损伤耳膜，疼痛的阈值为130dB。摇滚音乐究竟是声音还是"噪声"，与其说取决于分贝水平，不如说取决于年龄。

·2 狮子 80 ～ 115dB·
在 1m 远的地方，一头成年雄狮的吼声相当嘈杂，可以达到115dB。此外，在这种声音强度下，大约8km以外的地方都能听到狮子的吼声。

·3 喀拉喀托火山 180 ～ 200dB·
一般认为，1883 年的喀拉喀托火山爆炸发出了近代史上自然界中最响亮的声音，约4828km 外都能听到！这次爆炸共造成40000人丧生。

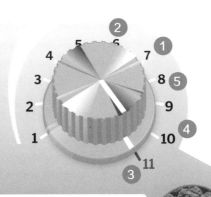

·5 音爆 130 ～ 160dB·
当物体（喷气式飞机、子弹、放牛鞭子）的运动速度接近音速时，前方的声波来不及移开，会被压缩成一个单一的、高压尾流或冲击波。

·4 航天飞机发射 150 ～ 190dB·
美国航空航天局的火箭发射时产生的声音介于150 ～ 190dB。这种程度的响度足以对听力造成永久性损伤。

声音的速度

声波在不同的材料中以不同的速度传播。一般来说，声波在铁等坚硬致密的材料中传播速度最快，在空气中传播速度最慢。这是因为声波通过暂时干扰分子而传播。一个分子撞击其相邻分子，以此类推，直到声波强度渐渐消散。分子以高能键紧密排列时，如铁原子，它们相互碰撞的频率会高于水或空气，因为水或空气中的分子更为分散。

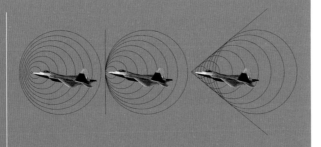

比声音更慢
喷气式飞机在空中飞行时，发动机噪声以音速向外延伸，就像石头被扔进池塘时会产生涟漪。

声音的速度
喷气式飞机速度接近 1200km/h 的时候，这个速度超过了发动机噪声从飞机上向外传播的速度，导致声波的累积和压缩。

比声音更快
当喷气式飞机的运动速度超过其所产生的声音传播速度时，就突破了"音障"。其结果是，地面上的人会听到紧紧压缩的声波的尾流，而非飞行员听到的音爆。

蓝鲸可以产生低至 10Hz 的极低频率音高，可以在海洋中传播数千千米。低频比高频声音传播得更远，所以邻居的孩子还在三个街区之外时，你就能听到他的低音砰砰作响。一个正常的女声可以达到 1100Hz，任何高于人类听力阈值（20000Hz）的声音都被归为超声波。蝙蝠和海豚在超声波范围内进行回声定位，人类采用超声波设备进行医疗和工业成像。

有趣的是，频率可以提升振幅。比方说，一个音叉的自然频率是 261.63Hz（中 C）。无须敲击，你可以唱一个中 C，就能让它振动。所有材料都有一个共振频率，可以通过一个共鸣的音来促使其振动。一个以完美音高唱出的唱音可以将水晶玻璃的振幅提升到很高的水平，甚至能让水晶玻璃碎裂。

声波

比较安静

低振幅

绘制声波图时，X 轴代表时间，Y 轴代表正负气压。声波的正高度决定了声音的振幅或响度。该图表示安静环境下的声波，振幅很低。

响度较大

高振幅

声波的波峰越高，正气压越大，振幅越大，声音越大。声音是一种振动（空气压力的振荡），所以每一个正的脉冲都有一个对应的负脉冲。

更深的音高

低频率

声音的音高，即我们所感知的高（高音）或低（低音），是由声波的频率决定的。频率衡量每秒有多少个完整的声波周期（波峰到波峰）。每个周期等于一个赫兹。这种长波的频率很低，能产生深沉的低音。

高音

高频率

女声或长笛等高音乐器产生的声波频率更高。声波振荡得越快，音高就越高。人耳可以感知到高达 20000Hz 的声音，或每秒 20000 次的振荡。狗可以听到高达 60000Hz 的声音。

共振频率

在与玻璃完全相同的频率下产生的噪声会引起玻璃振动。

爆炸的玻璃

如果在共振频率下保持音符几秒钟，振动将变得越来越强烈，甚至能将玻璃震碎。

共振的原理

每个物体都以自己的自然频率进行振动。拨动吉他的低 E 弦时，可以听到其振动频率，我们称之为音乐。启动汽车引擎时，汽车的金属框架会振动，产生一种独特的声音。这种自然频率由物体的大小、密度、弹性和材料组成共同决定，也被称为共振频率。有趣的是，你可以通过匹配一个声波的共振频率来提高其振幅或强度。我们称之为"交感"共振，这就是歌剧演员用声音震碎水晶酒杯的原理，即通过精准地以水晶共振频率唱歌，水晶酒杯的振幅越来越大，直到破碎。

多普勒效应

你正站在路边看着汽车飞驰而过。一辆汽车接近时，其发动机噪声的音高似乎越来越高，但当它经过你身旁后，音高突然下降，并继续变低。这与路过的救护车的警报声机理类似。为了理解这种现象的原因，可以把从汽车上发出的声波想象成池塘表面泛起的涟漪。如果汽车处于静止状态，声波会以均匀的频率向各个方向传播。但汽车向你逐渐靠近时，声波的频率会越来越高，使人觉得发动机噪声的音高在上升。相反，汽车经过你身旁然后驶离时，每个声波到达你所在位置的时间越来越长，有效降低了频率，从而降低了音高。

1 汽车前面
声波会在汽车前面聚集，传播速度更快，使声波更短，声音更高。

2 汽车后面
声波在汽车经过时散开，导致音高下降。

狮子的吼声是所有大型猫科动物中最响亮的，周围数千米内都能听到。

多普勒雷达可以探测到风切变，飞机起飞和降落时遇到风切变会非常危险。

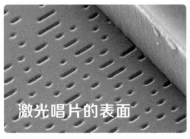

激光唱片的表面

1 凹陷

这些微小的凹陷创造了代表声音记录的数字代码。

2 平稳段

凹陷之间的空间被称为平稳段。这些刻痕能与凹陷被反射在光盘上的激光一起读取。

声音的频率

如何以频率衡量各种声音？

人类的
发声范围

小蹄蝠

蓝鲸的歌声

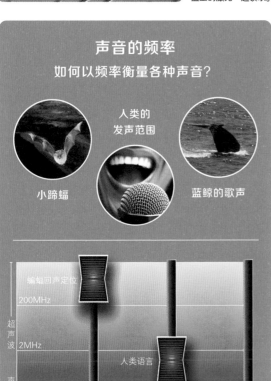

蝙蝠回声定位

200MHz

超声波

2MHz

人类语言

声音

20kHz

次声

20Hz

鲸的歌声

93000 ~ 111000Hz

这种微型蝙蝠（翼展仅有 200nm）回声定位的频率是自然界中最高的频率之一，达到了超声波的频率范围。而人耳的最高可听频率大约是20000Hz。

80 ~ 1100Hz

这个区间代表了男性和女性的一般组合发声范围，但人类唱出的高音世界纪录是钢琴上的高音 C，达到了 4186Hz，而且是一名男性创造的纪录！

10 ~ 40Hz

与其说该频率范围的声音是歌曲，不如说是呻吟。这些超低的发声不仅极其低沉（人耳只能感知 20Hz 以上的声音），而且还异常响亮，在距离 1 米处的测量读数高达 188dB。

图例

Hz– 赫兹：每秒 1 次波的振荡。

kHz– 千赫兹：每秒 1000 次波的振荡。

MHz– 兆赫兹：每秒 1000 000 次波的振荡。

数字化声音

如果你录下长笛演奏的旋律，会得到一个模拟声波，即一个精准的音乐图形复制。为在 CD 或 MP3 上播放出该录音，需要使用模拟数字转换器，该软件每秒读取数万个录音样本（音频 CD 为 44100/s，DVD 音频高达 192000/s），并为每个样本分配一个值。把这些值绘制成图后，最终你会得到一个几乎一样的数字版本模拟声波。数字信息可用二进制代码表示，所以很容易将这些代码编辑到 CD 或 MP3 音频文件上。当播放音乐时，数模转换器将代码转换为电脉冲，振动扬声器或耳机的振膜会完整无误地再现原始声波。

从模拟声波到 CD

① 模拟声波

把自己说话的声音录下来，可以绘制出连续振荡的声波来表示频率和振幅的变化，即我们听到的音高和响度。

② 数字采样

软件可以在同一录音中每秒读取数万个样本，并给每个样本赋予一个值。将这些数值绘制成图像，就可以得到近似的原始声波。

③ 数字编码

从 0 到 65536 的全部数值都被转换成二进制代码，即构成所有计算机处理器基本语言的 0 和 1 的数字串。

④ 激光刻录

为将二进制代码数据即在 CD 上，强大的激光器会蚀刻出"凹陷"（125nm 深），并在其间留下名为"平稳段"的空间。这些微小刻痕类似于唱片机指针上凹凸不平的轨道。

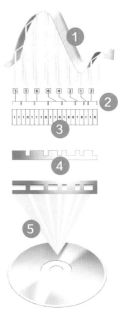

⑤ 读取 CD

凹坑成为 CD 唱片背面的"凸点"。安装在 CD 播放机中的激光器将"1"和"0"解码成电脉冲，在放大器的作用下，振动扬声器或耳机播放原始声波。

能量守恒定律

能量既不会凭空产生，也不会凭空消失，具体是什么意思呢？

背景

能量守恒是物理学中最重要的概念之一。该定律指出，一个系统中的总能量保持不变。能量可以从一种形式转化为另一种形式，比如从化学能转化为热能，但它不会凭空产生，也不会凭空消失。这一定律塑造了我们对周围世界大部分事物的理解，也是热力学（研究热量和能量的学科）四大定律之一。

简述

物理学中，能量代表着物体做功的能力。能量有多种不同的形式，大致可以分为两类：动能（与物体运动相关）和势能（与物体位置相关）。钟摆的例子常被用来说明运动中的能量守恒。抬起系在绳子一端的小球，小球就会获得重力势能。放手后，小球开始向下摆动，重力势能减少，而动能增加。小球摆动到最低点时，动能达到最大值，随后继续向上摆动，速度逐渐减慢，动能减少，而重力势能再次增加。在此过程中小球的能量并没有损失，只是从一种能量转换为另一种能量。每一次摆动，都有少量能量以热能的形式转移到周围空气中，所以小球的运动速度会在摆动过程中逐渐变慢。

小结

一个系统中的总能量保持不变。换句话说，系统中的能量不会凭空产生或消失，只会在不同形式之间相互转换。

运动中的能量守恒

钟摆的摆动可以说明运动中的能量守恒

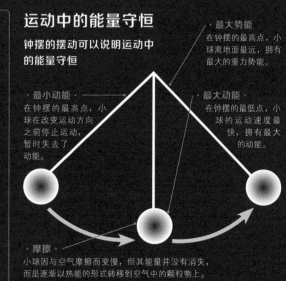

·最大势能·
在钟摆的最高点，小球离地面最远，拥有最大的重力势能。

·最小动能·
在钟摆的最高点，小球在改变运动方向之前停止运动，暂时失去了动能。

·最大动能·
在钟摆的最低点，小球的运动速度最快，拥有最大的动能。

·摩擦·
小球因与空气摩擦而变慢，但其能量并没有消失，而是逐渐以热能的形式转移到空气中的颗粒物上。

·总能量·
钟摆系统的总能量并没有变化。

·最小势能点·
当摆动到最低点时，小球最接近地面，所以此时它的重力势能最小。

·形式的变化·
钟摆来回摆动时，能量的形式在发生变化。

最高点　　　最低点　　　最高点

图例：红色代表重力势能　蓝色代表动能

朱利叶斯·迈耶（Julius Mayer）

能量守恒定律最早是在 19 世纪由德国的医学博士朱利叶斯·迈耶发现的。迈耶孩童时就开始做相关实验：他想制造一种可以仅凭水轮自身产生的能量进行抽水的机器——一种本质上能自我驱动、凭空产生能量的机器。迈耶百般尝试，但是没能成功。成年后，他将关注点转向了人体产生的能量。通过自己的观察，他将热能和机械能联系起来，并得出结论：生物和机器类似，也不能凭空产生能量。

别看他现在还笑着，等会儿他发现
自己把降落伞落飞机上了就……

你让我旋转，宝贝，旋转……

解释加速度

跑车、战斗机、火箭、过山车中的加速度

当你坐着过山车在钢轨上飞驰时，你可能会觉得胃好像要冲到喉咙里，眼睛要被挤到头骨深处。此时，好几种力量在同时起作用。地球无时无刻不在"拉"着我们每一个人。地球的质量很大，使得它有很大的引力场（地球引力也叫重力，下同）。而我们在快速行驶时急转弯或猛踩刹车，或坐在火箭里腾空而起时，都在被远大于地球引力的力量甩开。这是为什么呢？

工程师用"数字 +g"来衡量上述现象，以描述加速度。1g 指代静静地站在地面上时的状态。组成地球的每一个粒子都在同时"拉"你。这些拉力单独起作用时都很弱，但它们叠加起来足以让你双脚紧贴地面。5g 的加速度是赛车手经常承受的等级，意味着承受的作用力是其重力大小的 5 倍。无论何时，如果一个物体能比重力更快地改变自身速度，其承受的力将大于重力。当人体受到的支持力为 0 时，人会有失重的感觉。加速度超过 100g 会使人丧命，因为这么大的加速度下人体所承受的力会把骨头压碎，把内脏压扁。

重力并不是加速度产生的唯一来源。每当交通工具比如汽车或飞机突然改变其速度时，加速度都会随之变化。不管加速、减速，还是转弯，速度都会改变。改变得越快，你就会承受越大的加速度。

加速度能让你昏厥

如果你乘坐飞机时它正在急转弯，你头部的血液可能会涌向下半身。飞机转弯时，人体像在离心机里一样，体内的所有液体都会向双脚或其他处在转弯外缘的部位移动。这时，因眼睛得不到足够的氧气，你可能会经历灰视（突然失去色觉）或暂时失明，甚至完全失去知觉。加速度更快的情况下，血液会从大脑流向别处，导致大脑缺氧，失去意识。有些人在 5g 的加速度以下就会出现这些反应，但得益于强健的身体，经验丰富的战斗机飞行员可以承受稍大一点的加速度。他们会训练自己适应这些反应，并在飞行时穿上能将血液维持在头部的特制服装。

不是昏过去的好时机啊……

了解加速度

要想知道你在剧烈加速过程中承受了几个 g 的加速度，可以用你的最大速度除以达到这个速度所花的时间，然后再除以 9.8m/s^2 即可。

比如：坐在一辆布加迪威航跑车上，把油门一脚踩到底，就能在 2.3s 内从 0 加速到 100km/h。

100km/h ≈ 28m/s, 28÷2.3 = 12（m/s）^{2},
12÷9.8 = 1.2

15

磁之力

有了这种无形的力量，我们才能生产出信用卡等日常用品和超强电磁铁，但磁化到底意味着什么？

磁是一种天然的力量，它不仅能使我们生活在飘浮于太空的天体上，还促进人类取得了重大技术成就，使人类飞速进步。我们的计算机依赖于磁，我们在地球上的生活依赖于磁场原理，我们最伟大的科学实验也要用到人类创造的最强大的磁铁。如果没有磁力，我们根本就不会存在，事实上，如果没有发现这一自然界的基本力量，我们的生活将与现状大相径庭。

多年来，科学家们以各种创新的方式应用磁力，深入研究粒子物理学领域。不过，让我们先来看看磁铁是如何制成的。众所周知，物体可以被磁化，然后吸附在其他磁性物体上，而且我们知道，诸如马蹄铁之类的物体长期具有磁性。为了制出这样的永久磁铁，我们首先需要把磁铁矿或钕等物质熔化成合金，研磨成粉末。这种粉末可以在数百磅的压力下压制成各种形状。然后，让一股巨大的电流短时间内通过，使其永久磁化。一般来说，除非受到强大的磁力或电力的作用或者处于低温环境中，一块永久磁铁每十年就会失

去大约 1% 的磁性。

现在让我们来看看磁铁本身，以及其内部和周围。每块磁铁周围都有一个被称为磁场的磁化区，磁化区会对置于其影响范围内的物体施加一个或正或负的力。每块磁铁都有两个磁极，即南极和北极。两个同性的磁极会相互排斥，而异性的磁极会相互吸引。磁铁的内部和外部都有磁场线形成的闭合环路，磁场线从南北两极穿过并围绕磁铁。一个磁场的场线越密集，磁性就越强。异性的两极相吸的原因是磁力向着同一个方向移动，所以从一个磁铁南极发出的磁场线很容易进入另一个磁铁的北极，二者从而合并成一块更大的磁铁。反之，同极相斥，因为力的运动方向相反，同极产生的磁力相互碰撞，相互推开。这与其他力的效果相同。比如，你从一侧推一扇旋转门，而有人从另一侧推，门就会保持不动，因为你们的力量会互相抵消。可是，如果你们向着同一方向推，门就会旋转，最终你会回到起点。

磁极的决定性特征是极磁总会成对出现。把

磁性原子

磁性和非磁性元素的原子之间究竟有什么区别？主要的区别在于是否含有未配对的电子。所有电子都成对的原子不能被磁化，因为磁场会相互抵消。而可以被磁化的原子都含有几个未配对的电子。电子本质上都是微小的磁铁，所以它们没有配对时，可以对原子施加叫作"磁矩"的力量。当它们与其他原子中的电子结合时，整个元素就会产生南北极并被磁化。

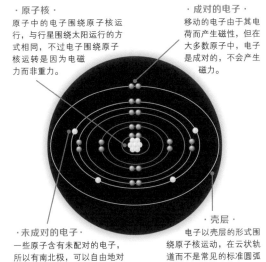

· 原子核 ·
原子中的电子围绕原子核运行，与行星围绕太阳运行的方式相同，不过电子围绕原子核运转是因为电磁力而非重力。

· 成对的电子 ·
移动的电子由于其电荷而产生磁性，但在大多数原子中，电子是成对的，不会产生磁力。

· 未成对的电子 ·
一些原子含有未配对的电子，所以有南北极，可以自由地对原子施加磁矩（力）。

· 壳层 ·
电子以壳层的形式围绕原子核运动，在云状轨道而不是常见的标准圆弧上移动。

磁体内部

能成为磁体的物体都充满了磁畴。磁畴是由大约一千万亿个原子组成的集合体。当物体被磁化时，这些磁畴会排成一行，并指向当前的磁场方向。这就是为什么有时要用磁铁来磁化一个有磁性的物体。这样能使磁畴在一个方向上对齐，进而使磁场在磁体周围流动。

· 未磁化 ·
由于没有磁性，物体没有南北极，所以没有对齐的磁畴。

· 散乱 ·
当一种可以被磁化的物质没有被磁化时，它的磁畴就会向各个方向发散，相互抵消。

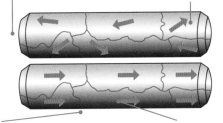

· 磁化 ·
给物质通电或使其靠近磁铁，使磁畴都指向同一方向，可以形成贯穿南北极的磁场。

· 有序排列 ·
当磁畴排成一排时，物质整体变为一块磁铁，一端为北极，另一端为南极。

一块条形磁铁切成两半，两小块新磁铁上就会立即产生一对新的南北极。这是因为每个原子都有自己的南北极，这一点我们后面还会提到。现在我们先弄清楚最关键的问题，即这些磁极为什么会产生？为什么磁体一定要从北极到南极的磁场线？答案与磁畴有关。我们不妨把磁铁想象成叠加在一起的小磁块。每块磁铁（或磁畴）都有自己的南北极，而且正如之前所说，磁场线从北极指向南极，即所有的磁畴都连在一起，它们的力量都集中在同一个方向上。与两个磁体吸附在一起的原理一样，这些磁畴结合起来形成一个更大的磁铁。每个磁畴包含大约 1000000000000000（十万的三次方）个原子，而 6000 个磁畴才相当于一个针尖的大小。磁铁内的磁畴总是排列整齐的，但像铁这样具有磁性的元素最初未被磁化时，磁畴指向是随机的。磁畴会相互抵消，直到引入一个磁场或电流使其指向同一方向，并使铁被磁化，从而产生新磁场。

不过，要真正了解磁体，我们需要知道这些磁畴内到底发生了什么。为此，我们需要直接深入到原子内部。以一个铁原子为例，电子在云状轨道（通常认为是固定的壳层，尽管实际运动更加随机）环绕原子核运动。每个原子都有特定数量的壳层，具体数量取决于它含有质子和中子的个数，而每个壳层

铁磁

铁磁体或铁磁材料是这里列出的几种类型中磁性最强的，温度达到居里温度（指磁性材料中自发磁化强度降到零时的温度）之前，都会保持磁性。再次冷却后，它将恢复磁性。铁磁产生磁场时，铁磁材料中的每个原子都排列整齐。马蹄形磁铁就是一种铁磁体。

亚铁磁

亚铁磁体具有恒定的磁化量，不受任何外加磁场的影响。天然的磁铁，如石膏（磁铁矿）就是亚铁磁体，含有铁和氧离子。亚铁磁性是由矿物中的一些原子平行排列形成的。它与铁磁性的不同之处在于，亚铁磁体中并非所有原子都会对齐。

反铁磁

低温条件下，反铁磁体中的原子以反向平行的方式排列。在反铁磁体（如铬）上施加磁场并不会使其磁化，因为原子仍然是对立的。加热到奈尔温度（反铁磁体的临界温度）时磁体将具有微弱的磁性，而进一步加热又会使其失去磁性。

准磁

准磁体，如镁和锂，当其靠近磁场时会有微弱的磁性，但离开磁场之后磁性又会完全消失。这是由于准磁性材料的原子中至少有一个未配对的电子。

抗磁

金、银和周期表中的许多元素都是抗磁体。它们在原子周围的磁环与施加的磁场相反，所以会排斥磁铁。所有材料都有一些磁性，但只有那些具有某种形式的正磁性的材料才能抵消抗磁体造成的负面影响。

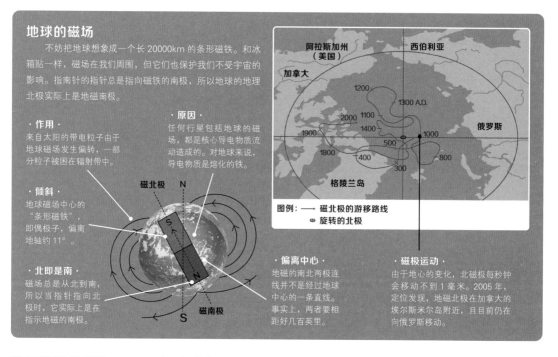

内的电子都是成对运转的。一个电子就像一块小磁铁，每个电子都有各自的南北极。配对过程中，电子的磁性相互抵消，所以整体没有磁性。然而，在像铁这样的原子中，情况并非如此。铁原子中有四个电子是不成对的，它们会对原子施加磁力。当所有原子结合在一起并整齐排列时，正如我们对磁畴的解释，铁本身就会被磁化并吸引其他磁性物体。

我们切断磁铁，将其分成几块并分析小块中的原子。但我们能不能更进一步？答案是肯定的，也是否定的，因为我们深入了量子物理学的未知领域。磁学的基本设定是宇宙中有四种基本力，分别是引力、电磁力、弱力和强力。比原子和电子更小的是能产生这些力的、名为夸克和轻子的基本粒子。任何力——核衰变或摩擦力等，都是这些基本力作用的结果。在这个层面上，像磁力这样的力是在被称为"载力粒子"的粒子之间"抛出"的，相应地推动或拉动周围的其他粒子。

可惜，在该层面上，磁学进入了理论物理学的领域，进入了还没有像粒子物理学那样被详尽探索的量子物理学领域。目前，这种标准的物理学模型在磁学的研究方面遇到了一个瓶颈，只有未来对量子物理学的理解有所推进时才能进一步发展。

地球的磁场

不妨把地球想象成一个长 20000km 的条形磁铁。和冰箱贴一样，磁场在我们周围，但它们也保护我们不受宇宙的影响。指南针的指针总是指向磁铁的南极，所以地球的地理北极实际上是地磁南极。

·作用·
来自太阳的带电粒子由于地球磁场发生偏转，一部分粒子被困在辐射带中。

·原因·
任何行星包括地球的磁场，都是核心导电物质流动造成的。对地球来说，导电物质是熔化的铁。

·倾斜·
地球磁场中心的"条形磁铁"，即偶极子，偏离地轴约 11°。

·北即是南·
磁场总是从北到南，所以当指针指向北极时，它实际上是在指示地磁的南极。

图例：——— 磁北极的游移路线
　　　⊕ 旋转的北极

·偏离中心·
地磁的南北两极连线并不经过地球中心的一条直线上。事实上，两者要相距好几百英里。

·磁极运动·
由于地心的变化，北磁极每秒钟会移动不到 1 毫米。2005 年，定位发现，地磁北极在加拿大的埃尔斯米尔岛附近，且目前仍在向俄罗斯移动。

铁屑模拟磁感线

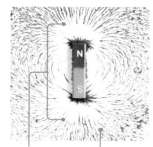

·磁畴·
敲击纸张，磁粉将沿着磁铁的磁感线从北极到南极排列。

·铁屑·
将铁屑散落放置在纸上的磁铁周围，可以明显地看到磁场的作用。

电磁铁

电磁力作为宇宙中四种基本力之一，是带电粒子相互作用的结果。物理学家迈克尔·法拉第（Michael Faraday）推断，一个变化的磁场会产生一个电场，而詹姆斯·麦克斯韦（James Maxwell）发现，上述推断反过来也会成立，即一个变化的电场会产生一个磁场。这就是电磁铁的基本工作原理。

1 - 电场
电流通过导线时，缠绕在磁芯（如铁）上的导线会产生电场，反过来又会产生磁场。

2 - 磁芯
正如上文的论述，移动的通电线圈会产生磁场，将磁场引入磁芯后，磁芯内的磁畴才会对齐。

3 - 线圈
增加线圈的数量会增加电磁铁的强度，因为更多的线圈会让更大电流流向一个方向，按比例放大磁力。

4 - 磁场
导线的磁场与磁芯的磁场结合，产生更强的磁场，更大的电流使更多的磁畴对齐，进一步增大其强度。

家中的磁体
你肯定会惊讶于我们家里有多少磁体

·门铃·
按下一个蜂鸣器式的门铃的按钮，会移动和释放电磁铁的触点，从而断开或闭合电路。同时，按下一个报时门铃的按钮时，铁芯穿过电磁铁线圈并返回，依次敲击两个报时条。

·微波炉·
微波炉内有一个磁控管，其中含有磁铁。这个管子里面安装有强大的永久磁铁。电流通过磁控管时，由此产生的电场和磁场以微波的形式产生电磁能。

·吸尘器·
吸尘器利用了电磁学原理来产生吸尘效果。吸尘器的马达内有一种导磁材料。电流被引入该材料周围的线圈时，排斥力推动电机旋转。吸尘器关闭时，该材料就会失去磁性。

·电脑·
像信用卡一样，计算机内的存储盘上涂有微型铁块。通过改变铁的磁向，可以创建一个图案来存储一组特定的数据。这种模式可以被计算机读取并在屏幕上复制数据。显示器本身使用磁铁的方式与老式阴极射线管电视相同。

·扬声器·
根据电磁学，大多数扬声器包含一个固定的磁铁和一个半刚性性薄膜内的导线线圈。电流通过线圈时，由于线圈和磁铁之间的作用力，膜会振动，产生振动和声音。电话扬声器也是同样的原理，只是体积更小。

·电视机·
大多数现代液晶或等离子电视不使用磁铁。不过老式电视使用阴极射线管向屏幕的背面发射电子。屏幕上涂有荧光粉，当被光束击中时，屏幕的某些部分会发光。线圈产生磁场，使光束在水平和垂直方向上移动，产生相应的画面。

·信用卡·
现在的信用卡大多数是芯片信用卡，在卡面上会有一个黑色的横条，即磁条。磁条中有放置在塑料薄膜中的微型铁块。这些磁条可以向北或向南磁化以储存重要数据。在取款机上刷卡时，机器会读取微型磁铁并获取信息。

EMP
电磁脉冲（EMP）的工作原理是利用强电磁场摧毁电路。一个非核电磁脉冲引爆了一个装满炸药的金属圆筒，在一个导线线圈内爆炸，发射磁场和电场，炸毁电路。核电磁脉冲将在大气层中引爆一枚核弹。由此产生的γ（伽马）辐射将吸收空气中的正分子，而释放负电子，向四面八方发射强大的电磁场。在美国中心上空320km处引爆一个10兆吨级的装置，将摧毁该国的所有电子设备，而同时让建筑完好无损，生命体毫发无伤。

2013年的太阳风暴？
1859年，太阳经历一个激烈的活动期时，一场巨大的地磁风暴摧毁了传输电缆并引燃了美国电报系统。美国航空航天局的科学家们曾预警说，2013年可能发生类似的风暴，届时更多的现代电气元件可能受到影响。每22年太阳的磁力周期达到峰值，而每11年太阳耀斑的数量达到最大值。在2013年这些现象有可能叠加发生，产生巨大的辐射，可能使地球上的电力中断数小时甚至数天。

事实真如预警的那般发生了吗？

离心力
与向心力

这两种与圆周运动相关的力很容易让人混淆

离心力在我们的日常生活中无处不在，但它真的和我们理解的一样吗？我们驾驶汽车转弯或飞机转弯时，会体验到离心力。洗衣机转筒旋转或乘坐旋转木马时，我们也能看到它的作用。有朝一日，离心力甚至可能为宇宙飞船和空间站提供人工重力。离心力经常与它的"好兄弟"向心力相混淆，因为二者关系是如此密切，就像是一枚硬币的两面。

向心力是使物体在弯曲路径上运动所必需的力，方向向内指向旋转中心；离心力是物体在弯曲的路径上运动所感受到的虚拟力，方向向外远离旋转中心。向心力是一种实际存在的力，而离心力则被定义为一种假想力。换句话说，当把一块物体系在绳子上旋转时，绳子对物体确实施加了一个向内的向心力，而物体好像对绳子施加了一个向外的离心力。

离心力和向心力是等大小的力，只是方向不同。如果你从外部观察一个旋转系统，会看到一个向内的向心力在作用，把旋转体限制在一个圆形的路径上。如果你身处旋转系统之内，会体验到一个明显的离心力把你推离旋转圆周的中心，尽管你实际感受到的是向心力，它使你不至沿着切线飞离。

牛顿的运动定律描述了这种看着好像存在的外力。牛顿第一定律指出，除非受到外力的作用，一切物体总保持匀速直线运动状态或静止状态。如果一个大质量的物体在空间中沿直线运动，惯性将使它保持直线运动，除非有外力使它加速、减速或改变方向。为了使它在不改变速度的情况下沿着圆周运动，必须在与它的运动路径成直角的方向持续施加一个向心力。

牛顿第三定律指出，两个物体互相作用时，彼此施加于对方的力大小相等、方向相反。就像在重力作用下你对地面施加一个力的同时，地面似乎也对你的脚施加了一个等大的反向力；坐在一辆加速的汽车里，你对座椅施加了一个向后的力的同时，座椅也对你施加了一个向前的力。旋转系统中，向心力将物体向内拉，以使其遵循圆周路径，而物体由于其惯性，似乎在被向外推。这些情境中都只有一个真实的力，而另一个只是一个虚拟的力。

掷球者利用向心加速度来投掷金属球。

圆周运动

这些力如何保持物体旋转

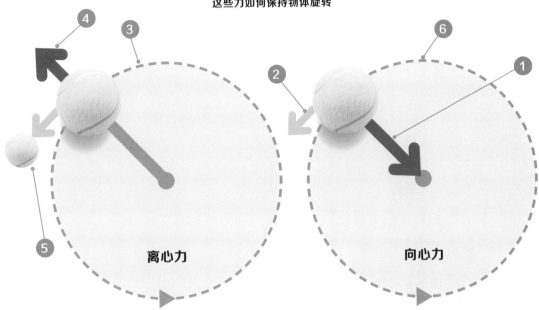

离心力

向心力

❶ 向心力

向心力一种将物体拉向圆心的力。

❷ 速度

当一个物体的速度与所受力（如绳子上的张力）的方向垂直时，物体将沿着圆周运动。

❸ 加速

物体向圆心靠近，向心力就会增加。

❹ 离心力

这是物体旋转时产生的远离圆心的力。

❺ 切线方向

如果保持物体旋转的力被破坏，如切断牵引小球的绳子，物体将沿着切线方向运动。

❻ 惯性

根据牛顿第一定律，除非受到其他力的作用，如弹簧的张力、路面的摩擦力或重力的反作用力拉力，否则物体将一直沿直线运动。

实验室离心机从血液中分离出不同成分大约需要15分钟。

旋转血液标本

实验室离心机利用向心力来加快悬浮在液体中的颗粒的沉淀。这项技术常用于准备待分析的血液标本。正常的重力作用下，热运动会造成血液成分持续混合，从而阻碍血细胞从整个血样中沉淀出来。而一台常规的离心机可以提供正常重力加速度的600～2000倍，使沉重的红血球沉淀在底部，并将血液中的各种成分按其密度分层。

折射、彩虹与海市蜃楼

光线弯曲时产生的神奇现象

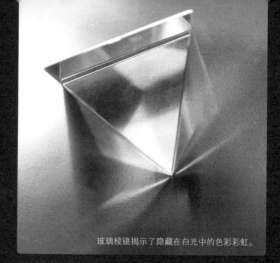

玻璃棱镜揭示了隐藏在白光中的色彩彩虹。

所有人都知道光速是世界上最快的速度，但光并不总是以其极限速度传播。它只有在真空中才能达到299792458m/s的惊人速度，而穿过任何其他材料时，无论是大气还是水杯，光都会与材料中的原子相互作用，从而减慢运动速度。如果一束光垂直照在一种新材料上，波长就会聚集起来。光波变得更紧密，整个光束移动得更慢，但仍会沿直线移动。当一束光以一定的角度射向一种物质时，就会发生一些特别的现象。击中的那部分光束减慢了速度，而且光线开始弯曲。这些现象会欺骗我们的双眼，让我们觉得饮料吸管好像产生了弯折，干燥的沙漠地面上出现了水坑。

假设一列士兵以某种角度朝着一条横线前进。每位士兵到达横线时都会放慢速度，但他们并不是同时到达的。当第一个士兵到达并调整速度时，其他士兵继续保持原来速度行进，使队伍变得错落有致。当光线以某种角度照射到某种物质上时，

牛顿的彩虹

自艾萨克·牛顿首次尝试棱镜实验以来，已经过去了三百多年，但其实验结果依然让人惊叹。当时，人们认为色彩是光线和黑暗的混合物，而只有白光是纯粹的。牛顿将一个玻璃棱镜放在一束阳光下，改变了我们对颜色的认识。当光线以一定的角度照射到棱镜上时，光线被折射而分离成彩虹。彩虹中的颜色总是按照相同的顺序排列：红、橙、黄、绿、蓝、靛、紫。为了证明这些颜色不是棱镜创造的，牛顿又在彩虹中放入了第二个棱镜。折射后的光束被弯曲成单一的白色光束，证明了白光包含所有颜色的光。

也会发生类似的现象。

光的弯曲程度取决于其所通过材料的折射率。该值由真空中的光速与材料中的光速相除而来。例如，折射率为1.5意味着光在真空中的速度是材料中的1.5倍。

制造彩虹

用一束光和几个棱镜重现牛顿的著名实验

· 白光 ·
实验从一束白光开始。牛顿通过窗户的百叶窗上开一个小孔来获取白光。

· 分散性 ·
紫色光通过玻璃的速度比红色光更慢，使光线扩散成彩虹。

· 弯曲的光线 ·
每种颜色的光的折射率在玻璃中略微不同，从紫色光的1.53到红色光的1.51不等。

· 入射角度 ·
当光线以一定角度射入棱镜时，部分光束会先于其他光束变慢。

"折射会欺骗我们的双眼，让我们觉得饮料吸管弯折了"

海市蜃楼的 5 个事实

① 上现蜃景
当暖空气位于冷空气之上时，光线会向下弯曲。这使得物体看起来比实际要高，我们因此能够看到地平线之外的东西。

② 下现蜃景
当冷空气位于暖空气之上时，光线向上弯曲，使天空出现在地面上的水坑中，并产生经典的沙漠海市蜃楼现象。

③ 晚期海市蜃楼
一股暖空气将冷空气吹到暖空气上方称为温度倒挂。当它发生在你的视线之上时，太阳的余晖看起来好像会消失。

④ 模拟海市蜃楼
温度倒挂的效果可以根据其高度而改变。当它发生在你的视线以下时，会在夕阳中形成摇摆不定的水平切面。

⑤ 空中楼阁
（特指西西里海岸上的海市蜃楼）这种复杂的海市蜃楼现象发生在热空气和冷空气交替的时候。它也被称为"飘浮城堡"海市蜃楼，会使物体看起来像飘浮在空中。

光的"戏法"

我们的大脑认为光沿直线传播可当事实不是这样时，情况是怎样的？

· 海市蜃楼 ·
大脑认为光线是沿直线传播的，使物体看起来比实际高得多。

· 暖空气 ·
空气受热后会膨胀，使气体的密度降低。这降低了其折射率，让光能更快地传播。

· 边界 ·
当光从温暖的空气移动到较冷的空气，再从较冷的空气移动到更冷的空气时，光速会变慢。

· 冷空气 ·
冷空气中的气体分子更加紧密。这使它具有更高的折射率，使光线传播得更慢。

· 反向适用 ·
折射原理也可以反向利用。彩虹光照射到一个相反的棱镜上时，它就会向后弯曲，形成白光。

· 玻璃棱镜 ·
由于折射率的变化，光在撞击时速度减慢。空气中该值为 1.0，玻璃中该值约为 1.5。

罕见的"绿闪光"海市蜃楼一般发生在太阳落山之前。

"绿闪光"海市蜃楼

大气层对不同颜色光线的细微折射差异在白天并不明显。但是当太阳落山时，其效果可能非常突出。太阳下降到地平线以下时，一个充满活力的"绿闪光"海市蜃楼就会出现。这种罕见的残影之所以出现，是因为红光在空气中传播时的弯曲度比绿光小。太阳落山后，红光迅速消失在地平线上。但如果条件适宜，绿光可以继续绕着地球转动一些时间。

电学基础

电阻、电感和电容的科学原理

　　电子电路是我们今天生活中几乎所有科技进步的基础。一提到电子电路，电视、广播、电话和个人电脑就立即映入脑海，但电子器件也被应用于车辆、厨房用具、医疗设备和工业控制。这些设备的核心是有源元件，或者说是电子控制电子流的电路元件，如半导体。然而，如果没有比半导体早几十年的更简单的无源元件，这些设备也无法运作。与有源元件不同，电阻、电容和电感等无源元件不能用电子信号控制电子流。

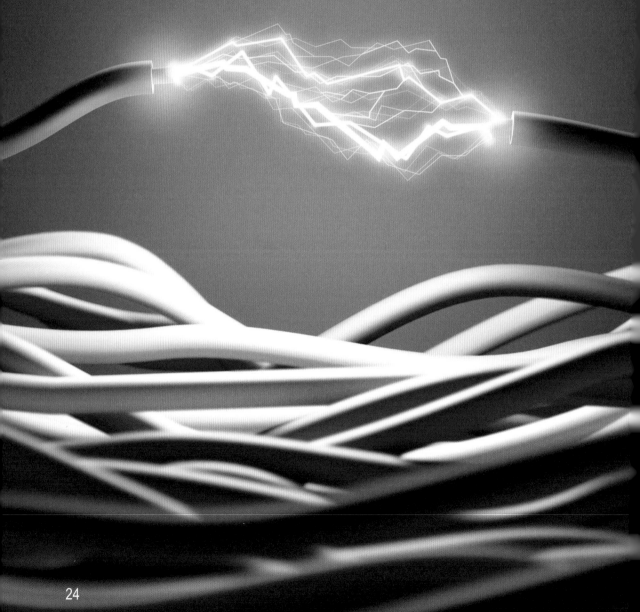

德国教授乔治·西蒙·欧姆（Georg Simon Ohm）发现了电阻和电流之间的关系。

电阻器在电路中被用来减缓电流的流动速度。

电阻

　　顾名思义，电阻是一种电子元件，在电路中抵抗电流的流动。银或铜等金属具有高导电性，因此电阻率低，电子能够自由地从一个原子"跳到"另一个原子，阻力很小。

　　一个电路元件的电阻是其外加电压与流经的电流之比。电阻的标准单位是 Ω（欧姆），是以德国物理学家乔治·西蒙·欧姆的名字命名的。1Ω 指的是 1V（伏特）电压、1A 电流的电路中的电阻。电阻可以用欧姆定律来计算，该定律内容为电阻等于电压除以电流。

　　电阻器一般分为固定电阻器和可变电阻器。固定电阻器是简单的无源元件，在其电流和电压限度内，其电阻值是固定的。它们的电阻值范围很广，从小于 1Ω 到几百万 Ω 不等。可变电阻是简单的机电设备，如音量控制器和调光器开关，当转动一个旋钮或移动一个滑动控制开关时，电阻的有效长度或有效温度会改变。

"电子能够自由'跳动'"

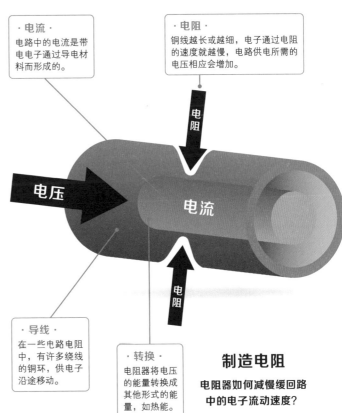

·电流·
电路中的电流是带电电子通过导电材料而形成的。

·电阻·
铜线越长或越细，电子通过电阻的速度就越慢，电路供电所需的电压相应会增加。

电阻

电压

电流

电阻

·导线·
在一些电路电阻中，有许多绕线的铜环，供电子沿途移动。

·转换·
电阻器将电压的能量转换成其他形式的能量，如热能。

制造电阻

电阻器如何减慢缓回路中的电子流动速度？

电容

电容是衡量设备储存电荷能力的物理量。储存电荷的元件叫作电容器。最简易的电容器由两块平整的导电板组成，导电板之间有一个小间隙。导电板之间的电位差（电压）与两块电板之间电荷量的差异成正比。电容是每单位电压所能储存的电荷量。衡量电容大小的单位是 F（法拉），以物理学家迈克尔·法拉第（Michael Faraday）的名字命名，表示电容器在 1V 电位差下存储 1C（库仑）电荷的能力。一库仑是指一安培的电流在一秒钟内所转移的电荷量，即 $1C=1A \cdot s$。

为了最大限度地提高效率，电容器板常常层层堆叠或绕成线圈，圈层之间有非常小的空气间隙。介质材料，即部分阻断板块之间电场的绝缘材料，通常放置在空气间隙中。这样电容器板就可以储存更多的电荷，而不会出现电弧（一种气体放电现象，电流通过空气等绝缘介质产生瞬间火花）或短路现象。

电容器经常见于使用振荡电信号的有源电子电路中，如收音机和音频设备。电容器几乎可以瞬间充电和放电，因此可以用来产生或过滤电路中的某些频率。振荡的电容信号可以在电容的一个极板充电的同时对另一个极板放电。电流方向逆转时，将对另一个极板充电而对第一个极板放电。

一般来说，较高频率的信号可以通过电容器，而较低频率的信号则会被阻断。电容器的大小决定了信号能否通过的临界频率。多个电容器的组合可用于过滤指定范围内的选定频率的信号。

利用纳米技术可以制造出更强的超级电容器，进而制造出超薄材料层，比如石墨烯，其电荷容量是同等大小传统电容器的 10 ~ 100 倍。不过超薄材料电容器的响应时间要比传统的电介质电容器慢得多，所以无法用于有源电路。

这些元件能储存电量。

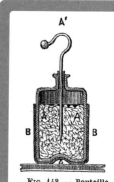

FIG. 142. — Bouteille de Leyde. — A, armature intérieure ; B, armature extérieure.

莱顿瓶（Leyden jar）的设计图纸，莱顿瓶是一种用于储存电荷的仪器，发明于 1745 年。

莱顿瓶的内部

莱顿瓶是最早的电容器。发明这个装置最初是为了在一个玻璃瓶的内部和外部衬垫的导电箔中储存静态电荷。莱顿瓶是由冯·克莱斯特（Ewald von Kleist）和马森布罗克（Pieter van Musschenbroek）发明的，两人都在 1740 年代早期各自钻研这项发明。马森布罗克是荷兰莱顿大学的一名教师，因此将这个装置命名为莱顿瓶。玻璃瓶里有两片作为导体的铝箔，一片在瓶外，另一片在瓶内。一条金属链与铁棒相连，穿过一个末端有球的木盖子。当电荷被施加到导体上时，电子被暂时困住并储存起来。

制造电容器

电容器储存少量能量的原理

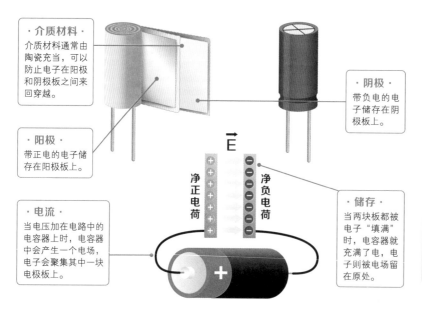

· 介质材料 ·
介质材料通常由陶瓷充当，可以防止电子在阳极和阴极板之间来回穿越。

· 阴极 ·
带负电的电子储存在阴极板上。

· 阳极 ·
带正电的电子储存在阳极板上。

· 电流 ·
当电压加在电路中的电容器上时，电容器中会产生一个电场，电子会聚集其中一块电极板上。

净正电荷

$\vec{E}$

净负电荷

· 储存 ·
当两块板都被电子"填满"时，电容器就充满了电，电子则被电场留在原处。

电感器

电感器是一种由一个能产生磁场的通电线圈组成的电子元件。电感的单位是 H（亨利），以美国物理学家约瑟夫·亨利（Joseph Herry）的名字命名，他与英国物理学家迈克尔·法拉第在同一时期各自独立发现了电感。亨利是电

线圈能产生磁场。

感的单位，让通过一个闭合回路的电流以 1A/s（安培每秒）的速率均匀变化，如果回路中产生 1V 的电动势，则这个回路的电感为 1H，即 1H=1V·s/A。

电感器在有源电路中的一个重要应用是，它们倾向于阻止高频信号而允许低频振荡通过。这与电容器的功能恰好相反。在电路中结合这两种元件可以有选择地产生或过滤几乎任何所需频率的振荡。随着微芯片等集成电路的出现，电感器变得越来越少见，因为三维线圈在二维打印的电路中极难制造。出于这个原因，微电路的设计中没有电感器，而是使用电容器来实现基本相同的效果。

感应器内部

磁场如何产生电流？

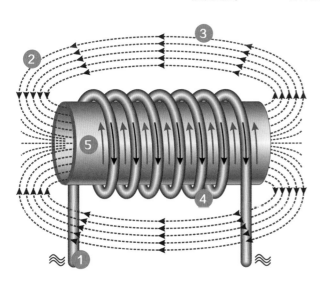

1 – 铜线

电流通过铜线，在其周围产生磁场或磁通量。

2 – 磁场方向

磁场跟随电流的流动方向。当电流改变方向时，磁场方向也会改变。

3 – 电流中断

当电流中断时，储存在磁场中的能量可以继续供电，但只能持续很短的时间。

4 – 电流增大

通过线圈的电流越大，产生的磁场就越强。

5 – 铁芯

铜线通常被包裹在非导电材料上，如塑料。

令人震惊的发现

美国作家、科学家兼外交家本杰明·富兰克林（Benjamin Franklin）曾在雷雨交加中放风筝做实验（此实验是否真实存在尚有争议，请勿模仿），后来被认为是首个发现电的人。他的标志性实验是在风筝顶部系上一根电线（避雷针的前身），再用一根麻绳与风筝相连，麻绳会被雨淋湿，富兰克林则握住另一根丝线。尽管闪电其实并未直接击中风筝，但富兰克林观察到了风筝实验产生的火花，麻绳的纤维也直立起来，很像气球摩擦手臂后直立起来的毛发。富兰克林证明了闪电和电之间的联系，但他不是第一人。几千年前，古希腊人就曾用毛皮和琥珀完成了静电实验。而在大约 2 000 年前的伊拉克，人们利用被称为"巴格达电池"的罐子、铜片和铁棒以尝试发电。

富兰克林在 1752 年的雷雨中放风筝。

> "电容器倾向于阻止高频信号而允许低频振荡通过"

身体摆动背后的科学

为何网球很难打好？

许多体育科学家都认为网球是各种运动中最难的。网球需要参与者结合速度、力量、耐力和毅力，如果你想要达到比赛的最高水平，还需要有极高的天赋。

每个职业选手都在尽力使挥出的每一拍都与球完美接触。科学家们计算了球拍改变一度的角度而导致网球偏离目标的距离，结果发现，这种微小变化将会使网球与目标点偏离 41cm 之多，这说明网球比想象的要难得多。此外，科学家还计算出，假设球拍角度在整个挥拍过程中都在变化，要使球拍和球完美接触，你只有 0.6‰ s 的把握时间。这说明了网球运动的超高难度，即便是经验丰富的专业运动员都需要每天花几个小时练习。

不仅球员自身会影响球在球场上的弹跳和移动，球场本身的物理条件也很重要。网球会在几个不同的表面上弹跳，每一个表面都会影响球

的运动轨迹和速度。由于松散的黏土和球之间的摩擦，黏土球场会"偷走"部分击球的动力，使 107.8km/h 的击球速度减慢 43%，减为 61km/h，留给对手更多的时间回击。这点与温布尔登的草地球场不同，对于同样的球，温布尔登球场能维持大约 72.4km/h 的网球速度。对许多人来说，以前温布尔登比赛精彩时刻的记忆可能正在消退，但它无疑将激励许多人抱着在草地上获得荣耀的希望而完善自己的挥拍动作。

旋球的秘密

现代职业选手倾向于在比赛中追求掌控而非力量，而掌控的关键是要打好上旋球。上旋球是通过控制挥动球拍的速度、球拍与球接触的角度以及所使用的网球线类型来实现的。现代网球球拍上的聚酯弦对球有吸盘一样的强大抓地力。这种额外的控制力使球员能够打出很多上旋球：通过用球拍摩擦网球的一侧，使球向前旋转，进而又在球的上方形成一个高压区，下方形成低压区，因此一旦网球开始旋转，就会急剧坠落。这意味着球员可以用更大的力击球而仍然让球落在线内。这也会给对手带来更多的麻烦，因为球弹得越高，他越难回击了。

拉菲尔·纳达尔（Rafael Nadal）是全球公认的上旋球王者，观测记录显示，他能打出每分钟 4 900 转（rpm）的正手球。不过，罗杰·费德勒（Roger Federer）能够打出高达每分钟 5 300 转的反手旋转球！

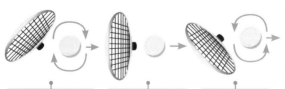

·上旋·
上旋是最常用的旋转类型，尤其常见于正手、反手和二发（第一次发球失误后有第二次发球机会）中。上旋能使球从球场上跳起，从而使球反弹到一个很难回击的高度。

·平击球·
今天，大多数职业选手发球时都会打平击球，因为这样能发挥最大的力量。这在瞬息万变的球场上非常有效，因为球会迅速滑过，并从对手那里夺取时间。

·削球·
削球技术的主要优点是能使球保持低位。削球在快速、低弹的球场上效果很好，能迫使对手弯腰，只能以一个别扭的角度回击。

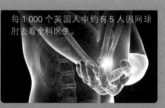

网球肘

每 1 000 个英国人中约有 5 人因网球肘去看全科医生。

严格来说，网球肘叫作肱骨外上髁炎，是困扰许多网球运动员的一种损伤，这种损伤会导致其无法参赛。网球肘会引起肘部外侧的疼痛，发生于前臂的肌肉和肌腱因重复或剧烈活动而紧张时。关节周围的肌肉会形成微小的撕裂，导致其发炎，进而可能导致一系列的症状，从使用肘部时的轻微不适，到肘部休息时的严重疼痛不等。可惜，这种疾病目前还没有快速的治疗办法。由于肌腱愈合的速度缓慢，网球肘可能持续数月甚至更长时间。最好的方法是尽可能地让肘部休息，90% 的情况下会自愈。不过，医生可能会建议症状严重的患者进行物理治疗或手术。

发球动作剖析

了解网球最重要的击球动作背后的生物力学

· 腕部扣球 ·

在接触球之前，手腕立即向后弯曲远离球，然后迅速向前"扣"，将球拍挥向球。这个小动作提供了 30% 的拍头速度，这就是为什么有一个强健的手腕对网球运动员非常重要。

· 肩部力量 ·

上臂和肩部仅提供 10% 的拍头速度，但仍然非常重要。强壮的肩膀有助于形成所谓的"勾手位"，即发球者在挥拍击球前的那一点。

· 拍头速度 ·

网球运动员的所有肌肉一起协作，以增加拍头速度，即球拍击打网球的速度。

· 前臂力量 ·

前臂贡献了总拍头速度的40%，是所有身体部位中贡献量最大的。专家建议手臂在接触点上完全伸展，因为这样可以增加杠杆的总长度，产生尽可能大的速度。

· 卷曲的躯干 ·

躯干在臀部之后伸展，继续动力链（人体若干环节借助关节使之按一定顺序衔接起来）的开链过程。一个快速、有力的躯干旋转能转化为更有效的发球。根据发球者的风格，宽大的髋部旋转可以为他的发球增加相当大的速度。

· 膝关节弯曲 ·

腿和躯干提供了发球整体力量的20%。一些选手夸张地弯曲膝关节来助力发球弹跳，有助于尽可能高地接触发球，为他们提供了更大的发球区域。

① 踩于线外

发球者前脚放在靠近球线的地方，确保在接触球之前不会踩到，因为这样属于犯规。双脚相距很远，一旦开始运动，就能提供一个宽阔的助推基础。

② 抛球

为了快速发球，选手将球抛到基准边框线 60cm 内。这使他们能够靠向发球线，并通过体重转移产生力量，因为他们同时向上和向前释放能量。

③ 勾手位置

几乎所有的选手在接触球之前都会采取这种姿势。许多选手将他们的非优势臂保持在抬起的位置，以平衡拍臂的动作，同时也保持躯干抬起，这样有助于减少发球撞网的概率。

④ 后续动作

发球产生的向前运动往往会使发球者的身体向前抛出，从而使他们落在底线内。旋转髋部是一个很好的力量来源，我们在这张图片中可以看到，发球者的身体在击球后转而面向球场。他的右腿向后延伸，以提供平衡，并使其能够迅速为下一次击球做好准备。

肩部力量、腕部力量和膝盖弯曲等各种因素结合在一起才能实现一个完美的发球。

宏大的物理理论

33

43

时空旅行新手指南

正确理解爱因斯坦的相对论的原理，并揭秘为何没有任何
科学明确否定时间旅行的可能性

每个人都能进行时间旅行（时空穿越）。无论你是否自愿，你都在以每秒一秒的稳定速度这么做。你可能觉得这和沿某个方向以每秒一米的速度前进毫无关联。但根据爱因斯坦的相对论，我们生活在一个四维连续体当中，空间和时间是可以互换的。爱因斯坦发现，你在空间中移动的速度越快，在时间中移动的速度就越慢，换句话说，你衰老的速度更慢。相对论的一个核心观点是，没有任何物体能超越光速——3×10^8 m/s（或每年一光年），但可以非常接近光速。如果一艘宇宙飞船以光速的99%飞行，你会看到它用一年多的时间飞行了一光年的距离。这点显而易见，但神奇之处在于，对于船上的宇航员来说，这个旅程只需要7个星期！这就是相对论的一个结果，叫作时间膨胀，意味着实际上宇航员已经跳过了10个月的时间进入了未来。

高速运动并不是产生时间膨胀的唯一方法。爱因斯坦表示，引力场也能产生类似的效果，即使是地球表面相对较弱的引力场。我们很难察觉这点，因为我们终其一生都生活在地表上，但在二万千米的高空，引力明显变弱，时间过得更快，每天大约要比地面时间快45 μs。这点意义重大，因为GPS卫星环绕地球的高度就是二万千米，卫星时钟需要与地面时钟精准同步才能保障导航系统正常运转。卫星必须对由其较高的高度和较快的速度产生的时间膨胀效应进行补偿。因此，每当你使用你的智能手机或汽车的卫星导航系统的GPS功能时，背后都有一个时间旅行小插曲。你与卫星是以差异极其微小的速度进入未来的。

但想要见到更显著的效果，我们要找到更强的引力场，比如黑洞周围的引力场，它可以使时空扭曲程度变大，以至自身都被折叠起来。这会造成一个所谓的"虫洞"，虫洞的概念在科幻电影中经常出现，它源于爱因斯坦的相对论。实际上，虫洞是一条从时空的一点到另一点的捷径。

你进入一个黑洞，然后能从另一个黑洞出来。可惜，黑洞并不像好莱坞电影中那样可靠实用，因为当你接近黑洞时，黑洞的超强引力会把你撕成碎片，不过理论上来说，利用黑洞穿越时空的确可行。因为这里说的是时空，而不仅是空间，虫洞的出口很可能在比入口更早的时间，所以你最终会穿越到过去而不是未来。

时空中循环回到过去的轨迹被赋予了一个术语："封闭类时曲线"。如果在严肃学术期刊中搜索该表达，你会得到大量相关参考资料，比你搜索"时间旅行"得到的结果要多得多。但实际上，这恰恰是封闭类时曲线的意义所在。

还有一种不涉及像黑洞或虫洞这样奇特物质的方法，也可以产生一个封闭类时曲线，那就是一个由超密集材料制成的简单旋转圆柱体。它被称为"蒂普勒圆柱体"，是现实世界的物理学支撑的最接近实际的真正时间机器。但蒂普勒圆柱体在实践中无法建造出来，和虫洞一样，它更多

阿尔伯特·爱因斯坦（Albert Einstein）这个名字几乎成了相对论的代名词。

真正的时间机器可能不像 20 世纪 60 年代好莱坞电影里的那样简单。

时空旅行简史

1895 ⟶⟫ **1905** ⟶⟫ **1927** ⟶⟫ **1935** ⟶

H.G. 威尔斯（H.G. Wells）的小说《时间机器》（The Time Machine）普及了时间作为第四维的概念，通过它可以与三维空间进行类比。

爱因斯坦关于相对论的开创性论文提出了"时间膨胀"的概念，这是时间与空间可以互换的最早理论依据，引领了日后的现实物理学和科幻小说。

物理学家阿瑟·爱丁顿（Arthur Eddington）在他《物理世界的本质》（The Nature of the Physical World）一书中首次提出了"时间之箭（时间箭头）"的概念，以及"时间之箭"与熵的关系。

1935 年，爱因斯坦与内森·罗森（Nathan Rosen）共同证明，在某些情况下，时空的两点之间（甚至在过去和未来之间）可能有一条捷径——虫洞。

"凡不违背基本原理的现象，皆有可能发生"

的是一种学术设想，而非实际可行的工程设计。

尽管这些设想在实践中很难实现，但就我们目前所知，没有任何基本的科学根据否定时间旅行的合理性。这一点引人深思，因为正如物理学家加来道雄喜欢说的那样——"凡不违背基本原理的现象，皆有可能发生"。他的意思并不是说时间旅行必须随时随地发生，而是说宇宙如此之大，至少某个地方会偶尔发生时间旅行。也许另一个星系的高级文明知道如何建造实用的时间机器，也许在某些罕见的情形下，封闭类时曲线甚至可以自然发生。

这又引出了另一种问题，不是科学或工程方面的问题，而是基本逻辑方面的问题。如果物理学定律允许时间旅行，那么就会引出一系列的悖论（逻辑学和数学中的"矛盾命题"，表面上同一命题或推理中隐含着两个对立的结论，而这两个结论都能自圆其说）。其中一些看起来非常不合逻辑，很难想象会真的发生。但如果它们不会发生，是什么因素阻止了它们的发生呢？

诸如此类的想法启发了史蒂芬·霍金（Stephen Hawking），他一直对时间旅行的想法持怀疑态度，并提出了时序保护猜想，即某些尚不为人知的物理学规律阻止了封闭类时曲线的发生。但这只是一个合理猜测，在有确凿证据的支持之前，我们只能得出一个结论：时间旅行是可能的。

专为时间旅行者举办的聚会

物理学家史蒂芬·霍金对时间旅行的可行性持怀疑态度，并不是因为他认为时间旅行不可能发生，而是对其产生的逻辑悖论感到困扰。在其时序保护猜想中，他推测物理学家最终会发现封闭类时曲线理论中的缺陷，使时间旅行无法实现。2009年，他想出了一个有趣的方法来验证其猜想。霍金举办了一个香槟派对（在他的探索频道播出），但只是在事后才对此派对做了宣传。他的理由是，如果时间机器最终可行，未来可能会有人知道这个派对，并穿越回来参加。但是并没有人回来——霍金独自坐着看完了整个晚会。这并不能证明时间旅行不可能，但它的确说明，时间旅行永远不会成为一个普遍现象。

诚邀您参加时间旅行者

TIME

主办方
**史蒂芬·霍金
教授**

举办地点
剑桥大学冈维尔和凯斯学院
剑桥三一街

地点：52° 12' 21"N, 0° 7' 4.7"E
时间：2009.6.28 12:00

无须答复

→ **1941** → **1974** → **1992** → **2009**

1941年，两名美国实验人员赫伯特·艾夫斯（Herbert Ives）和G.R.史迪威（G.R. Stilwell）通过观察电视式阴极射线管内快速移动的粒子证实了时间膨胀的真实性。

1974年，物理学家弗兰克·蒂普勒（Frank Tipler）设计出第一台真正的时间机器（至少在纸上）。根据设计，蒂普勒圆柱体将利用一串旋转的中子星来产生一个封闭类时曲线。

1992年，史蒂芬·霍金提出，可能有一个尚未发现的自然法则阻止了封闭类时曲线，因此阻止了我们时间旅行到过去。

2009年，史蒂芬·霍金为时间旅行者举办了一个聚会，该聚会在结束后才被广泛宣传。可惜，并没有任何时间旅行者在派对上现身。

都是相对的

早在爱因斯坦之前的 1632 年，伽利略就利用船上
网球运动员的例子表述了相对论的基本原理

· 码头上的观察 ·
伽利略会看到球以 $v+u$（从
左到右）或 $v-u$（从右到左）
的速度飞行。

· 伽利略的洞察 ·
伽利略意识到，无论是
静止还是匀速运动，物
理定律都同样适用。

· 物理实验 ·
在船上的任何实验（比如这
场网球比赛）都会产生与在
陆地上相同的结果。

GPS 卫星能帮助你准确导航，但只有补偿了相对论产生的时间膨胀后才能做到。

· 船速 v ·
只要般速保持不变（而且海面上很平静），里面的人就不会察觉到运动的存在。

爱因斯坦的发现：
光和网球不一样，光的速度没有相对快慢之分，而是对所有观察者都保持恒定。

· 球的速度 u ·
球员们看到球以速度 u 运动，与在静止的网球场上的观察结果完全一样。

时间之箭

时间的一个独特之处在于它有一个方向——从过去到未来。一杯室温条件下的热咖啡总是会渐渐冷却，永远不会自发升温。使用手机时，电池电量会不断减少，而从未自动增加。这些都是熵的例子，本质上是对"无用"而非"有用"的能量的衡量。一个封闭系统的熵总是在增加，而且熵是决定时间之箭的关键因素。事实证明，熵是唯一能区分过去和未来的标准。在物理学的其他分支如相对论或量子理论中，时间都没有特定方向。没有人知道时间之箭从何而来。可能它只适用于大型、复杂的系统，而亚原子粒子可能不会经历时间之箭。

时间有一个从过去到未来的明确流向，但原因仍是个谜。

时间旅行悖论

如果有可能回到过去，即使是理论上发生，都会造成一些令人费解的悖论，让科学家和哲学家都非常困惑。

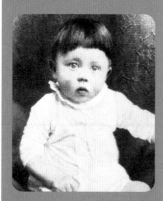

杀死阿道夫·希特勒
（Adolf Hitler）

希特勒是历史上最邪恶的人之一，造成了无数的死亡和苦难。如果一个时间旅行者决定回到过去，在希特勒的幼年时期杀掉他。那么一旦成功了，未来的历史书甚至都不会提及希特勒。如此一来，时间旅行者还有什么理由回到过去杀死他呢？

一个闭环

假设一台时间机器的设计图纸突然出现在你桌子上。你花了几天时间把它建造出来了，然后用它把设计图纸送回早先的自己。但设计图纸又是从哪里来的呢？没有人知道，它们只是在时间中一遍又一遍地循环。

时间与空间的相对性

所有观察者测得的光速都一致，带来了一些奇怪的结果

1 行驶火车中的实验
爱丽丝在车厢中测量一束光从车厢的天花板传播至地板上的镜子然后再返回至天花板所需的时间。

4 另一个实验
爱丽丝用激光测距仪来测量车厢的长度。车厢的长度为光束来回所需的时间乘以光速的一半。

蒂普勒圆柱体

1974 年，颇有声望的《物理评论》（Physical Review）杂志发表了弗兰克·蒂普勒的一篇论文，其中包含第一个科学理论上可行的时间机器设计。可惜，尽管没有打破任何物理定律，蒂普勒的机器带来了诸多工程上的挑战，在实践中无法建造出来。蒂普勒的设计思路是利用一个长的、快速旋转的超高密度材料的圆柱体，即中子星中的那种，来生成一条封闭类时曲线。这些物质并不像黑洞那样极端，但它们仍然很难操纵。为了制造一个足够长度的圆柱体，至少需要将十个圆柱体聚集在一起并排成一排。这意味着，和虫洞一样，蒂普勒圆柱体属于"理论上可能，但实际上不可行"的一类。

2 从外面看
在火车外面，鲍勃看到光以同样的速度走了更远的距离。对他来说，从天花板到地板再返回的旅程需要更长的时间。

3 时间是相对的
鲍勃作为一个静止的观察者，看到火车内部发生的事件的速度比爱丽丝在火车内部看到的要慢。

5 鲍勃的观察
从外面看，车厢的一端正朝激光器的方向移动，所以到达激光器的时间较短。

6 长度是相对的
随火车一起运动的爱丽丝观察到的是其正常长度。但对保持静止的鲍勃来说，火车似乎沿着运动方向收缩了。

艺术家对于一对中子星的印象——一个蒂普勒圆柱体至少需要十个中子星。

牛顿运动三定律

三个简单的定律解释了我们周围宇宙中力的影响

背景

牛顿大名鼎鼎的运动定律解释了物体受力时的情况。力有多种形式，如推力或拉力，另外常见的力还有重力、摩擦力和磁力等。虽然我们无法直接用肉眼看到力，但可以测量出力的作用效果。力可以改变物体的速度、形状或运动方向。牛顿三定律描述了物体受力平衡或不平衡时的结果，并解释了相等力和相反力的概念。

简述

牛顿第一定律，亦称"惯性定律"：任何物体（指质点）在所受外力相互抵消时，保持原有的运动状态不变，即原来静止的物体继续保持静止，原来运动的物体继续做匀速直线运动。物体固有的这种运动属性称"惯性"。

牛顿第二定律：任何物体（质点）在外力作用下，其动量随时间的变化率与其所受的外力成正比，并与外力同方向。在牛顿力学中，质量是一个不变的量，故牛顿第二定律又可表示为：物体的加速度与所受外力成正比，与物体的质量成反比，其方向与外力方向相同。

牛顿第三定律，亦称"作用与反作用定律"：当物体甲给物体乙一个作用力时，物体乙必然同时给物体甲一个反作用力，作用力与反作用力大小相等，方向相反，且在同一直线上。

牛顿定律首次出现在他 1687 年的代表作《自然哲学的数学原理》中，他提出这些定律的初衷是解释行星的轨道是椭圆而非圆。

小结

牛顿的第一定律描述了力平衡时的情况。他的第二定律描述了物体受力不平衡时会发生什么。第三定律解释了成对的等大反向的作用力。

牛顿定律的作用

我们周围的一切运动都符合牛顿运动定律

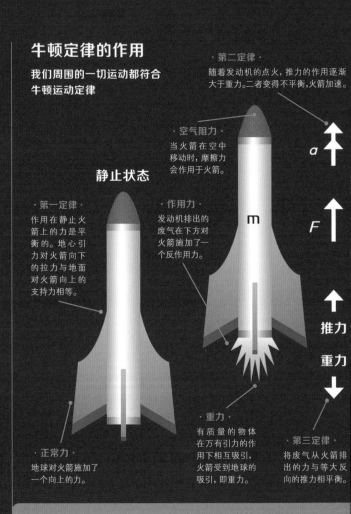

定律背后的人

艾萨克·牛顿是一位数学家、物理学家和天文学家，他出生于 1642 年的圣诞节（旧时候的儒略历：朱利斯·恺撒于公元前 45 年在古罗马采用的太阳历）。他在《自然哲学的数学原理》（通常简称为《原理》）一书中用数学和方程描述了宇宙的力学原理。牛顿解释了万有引力的概念，并表明宇宙万物都受相同的物理规律支配。牛顿还研究了颜色理论、光学和微积分，其思想在三百多年后仍在广泛应用。牛顿是有史以来伟大的科学家之一，但其成就并不止于此。牛顿建造了第一台实用的反射式望远镜，并被选为国会议员，他甚至还担任过英国皇家造币厂的厂长，在 1699 年到 1727 年这段时间负责英国所有的货币铸造。

相对论入门

了解爱因斯坦的宇宙理论

| 背景 |

1905 年，阿尔伯特·爱因斯坦发表了狭义相对论，表示真空中的光速是恒定的，观察者没有加速度时，光速恒定就是一条物理定律。他证明了一切物体都是相对于其他物体运动的，但不适用于正在加速或减速的观察者。之后，爱因斯坦着手扩展他的理论，使其能够适用于宇宙中的万事万物，形成了广义相对论。

| 简述 |

根据艾萨克·牛顿的第一运动定律，物体仅在受外力作用时加速。而爱因斯坦意识到，人体处于自由落体状态时，会有失重的感受，即使你在加速冲向地面，也感觉不到任何引力。他认为，我们所体验到的引力一定是大质量物体弯曲时空本身的结果。任何在这个扭曲的时空中运动的物体都遵循尽可能短的路径，最短路径就是一条曲线。该理论有助于证明地球的轨道并不是像以前认为的那样由引力将其拉向太阳决定的，而是弯曲的时空迫使地球沿着最短的路径绕过其主星的结果。

| 小结 |

广义相对论证明，引力是由时空曲率引起的，但引力并不拉扯物体，而是迫使它们沿着最短的路径运行。

弯曲的时空

解释运动及空间中光的路径

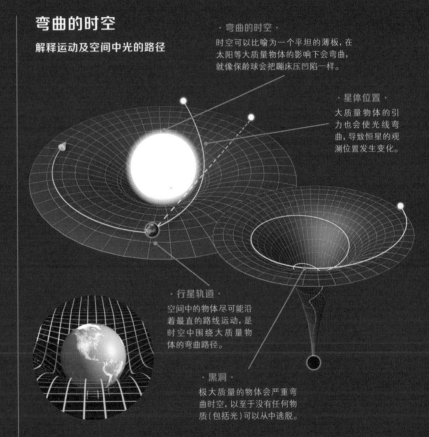

·弯曲的时空·
时空可以比喻为一个平坦的薄板，在太阳等大质量物体的影响下会弯曲，就像保龄球会把蹦床压凹陷一样。

·星体位置·
大质量物体的引力也会使光线弯曲，导致恒星的观测位置发生变化。

·行星轨道·
空间中的物体尽可能沿着最直的路线运动，是时空中围绕大质量物体的弯曲路径。

·黑洞·
极大质量的物体会严重弯曲时空，以至于没有任何物质（包括光）可以从中逃脱。

广义相对论如何改变世界？

· 爱因斯坦解决了引力的来源之谜——时空弯曲。
· 科学家发现，密度极高的物体周围，时空的曲率是无限的，在时空结构中形成一个洞，被称为黑洞。
· 爱因斯坦利用广义相对论证明，引力使光的路径弯曲，我们在地球上看到的行星位置并非其真正位置。
· 广义相对论的方程帮助揭示了宇宙正在膨胀，引领了大爆炸理论的发展。

阿尔伯特·爱因斯坦
1879—1955

爱因斯坦将他的广义相对论视为他一生研究的结晶。1915 年该理论发表后，他几乎在一夜之间闻名世界，并于 1921 年被授予诺贝尔物理学奖。爱因斯坦一生中发表了三百多篇科学论文，改变了世界对空间、时间和物质的认识。

什么是弦理论？

这个新奇的观点能否解释整个宇宙的运转？

弦理论，或者更准确地说，超弦理论，认为像电子这样的基本粒子是由振动的能量弦构成的。我们曾经认为基本粒子是最小的物质单位，但弦理论认为，有一种比原子还小的物质构成了我们周围的宇宙。

该理论也叫作 M 理论（M-theory），意在解释经典物理学标准模式（基本力与粒子的模式，从对称和对称破坏的角度解释了它们的行为和交互作用）的某些局限性。标准模式是我们用来解释宇宙中万物运动的模型，但当我们在量子水平上观察事物时，它就失效了。在量子水平上有不少奇怪的现象，比如粒子可能同时出现在两个位置（叠加）或能够隔着很远的距离分享信息（纠缠）。

弦在时间中移动时，会在一个维度上以不同的模式，或"模态"振动。每一种模式都能使弦看起来像电子、光子等。在更大尺度上，这些弦对我们来说只是看起来像粒子。有些人认为，弦理论可能是人们一直追寻的统一"万物理论"。弦理论还可以解释两个名为"引力子"的重力粒子如何在大尺度上相互作用，而其他理论则无法解释。

不过，并非所有人都认同弦理论。弦理论的一个明显问题是，它认为时空至少有十个维度，比我们普遍认为的四个维度（三个是空间，一个是时间）还要多六个。有人认为，这额外的六个维度是如此紧凑，以至于我们甚至发现不了它们的存在。此外，弦理论也很难被证明。我们无法真正测量这些弦，又如何验证其存在呢？弦理论仍会被科学界来回争论。

拆解弦理论

准备好了，开始复杂了

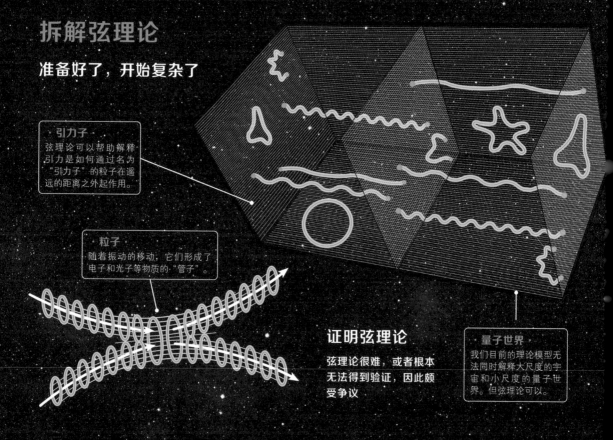

引力子
弦理论可以帮助解释引力是如何通过名为"引力子"的粒子在遥远的距离之外起作用。

粒子
随着振动的移动，它们形成了电子和光子等物质的"管子"。

证明弦理论

弦理论很难，或者根本无法得到验证，因此颇受争议

量子世界
我们目前的理论模型无法同时解释大尺度的宇宙和小尺度的量子世界。但弦理论可以。

超弦

超弦理论中的"超"指的是超对称性，一个超越标准模式的物理学领域。

万物理论

弦理论可能是一种普适性的理论，帮助我们了解整个宇宙的运作。

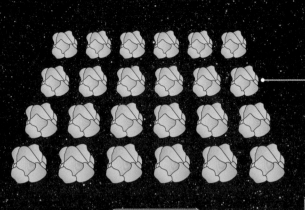

十个维度
我们通常认为宇宙有四个维度。弦理论则需要另外再多六个维度才能适用。

好的振动
根据弦理论，所有粒子都可以被分解成能量的振动弦。

坏的振动
根据弦理论，这些振动是如此微小，以至于我们永远无法真正看到。

平行宇宙理论认为我们的世界有近乎无限多的平行宇宙。

平行宇宙

弦理论并不是唯一有争议的理论。另一个是平行宇宙（世界）理论，该理论认为宇宙有几乎无限多的平行宇宙。该理论于 1957 年首次提出，认为万物皆为量子，事情能以多种方式同时发生。如果在小尺度和大尺度内应用该理论，任何给定情景中的所有可能性都应该发生，每一种可能都会产生一个同样真实的宇宙。根据该理论的某些版本，我们甚至可能看到平行宇宙对彼此的影响。

弦理论可能是"万物理论"

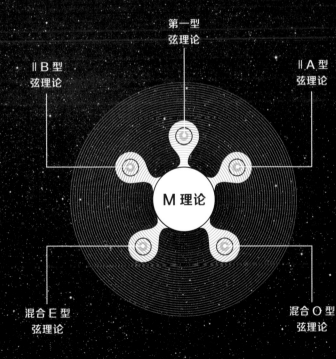

第一型
弦理论

ⅡB 型
弦理论

ⅡA 型
弦理论

M 理论

混合 E 型
弦理论

混合 O 型
弦理论

物质与反物质

从空间驱动器到香蕉——反物质的所有奥秘

"反物质"这个词听起来像科幻小说中的概念，也许能与反重力相提并论。但反物质理论其实是现代物理学中一个确确实实存在的成熟分支。不过，反物质确实有一些相当戏剧的可能性。1g 反物质如果与普通物质接触，将产生与核弹同样的爆炸效果。此外，由于它能作为如此高效的能量来源，反物质是未来航天器推进剂的理想材料。不过神奇的是，反物质的本质并无奇特之处，只是我们目前关于亚原子粒子的想法的自然结果。

原子的大部分质量都包含在原子核中，原子核由质子和中子组成。围绕原子核运行的是名为"电子"的质量较小的粒子。这些粒子对我们尤其重要，因为每个电子都带有负电荷（由质子中的正电荷来平衡）。还有其他几种类型的粒子，但通常只见于高能物理学实验。构成普通物质的所有粒子都可以分为两类——"重子"如质子和中子，以及"轻子"如电子。

这听起来比较复杂，如果不是因为自然界的守恒定律这个基本规律，还会更加复杂。这些规律为本来可能完全混乱的世界带来了秩序。粒子之间相互作用时，例如在欧洲核子研究中心的高能加速器中，特定的物理量总是守恒的。能量是

一种量，电荷是另一种量。事实证明，重子数和轻子数也是守恒的，这就引出了我们要谈的反物质的概念。

一个质子的重子数为 +1，电荷数为 +1。量子理论还预测了它的"反粒子"具有相同的能量，但重子数为 −1，电荷为 −1。质子的反粒子叫作反质子。根据同样的逻辑，电子的反粒子便是正电子，带有正电荷，轻子数为 −1。

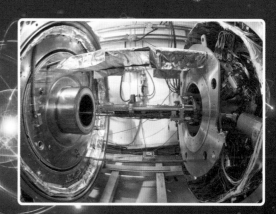

欧洲核子研究中心（CERN）的反物质工厂内的磁性"陷阱"能够储存反氢原子。

那么，反质子遇到质子时会发生什么？你可能已经知道了答案，因为这是反物质最著名的特性。正负重子数相互抵消，正负电荷和其他各种守恒量也是如此，直到剩下的只是两个粒子的能量。这也是守恒的，但能量是两个粒子唯一相同的属性。因此，反质子遇到质子时，二者的能量会消失于一道闪光，更确切地说，是 γ 射线中。γ 射线是一种像光一样的电磁波，但能量要大得多，与被锁在质子和反质子里的能量相同。这个过程称为"湮灭"，是我们已知的唯一能够以100% 的效率将质量转化为能量的过程。

如果有足够的能量，反向过程也可以发生。一个粒子 – 反粒子对可以凭空突然产生。对于像质子和反质子这样的大质量粒子，这种成对粒子的产生只发生在高能加速器内，或在奇特的天体物理过程中。但电子 – 正电子对的产生则更为平常，在地球上某些类型的自然放射性衰变中就会发生。而"平常"这个词才是正确的形容——正如我们稍后将看到的，即使是不起眼的香蕉也会产生正电子。但是，以这种方式产生的反物质只能存在几分之一秒。几乎在它产生的一刹那，就会遇到其对应的常态物质，并在 γ 射线的微小闪光中消失不见。

超低能反质子存储环（ELENA）只是欧洲核子研究中心反物质工厂的一个部分。

欧洲核子研究中心的反物质工厂

欧洲核子研究中心和类似实验室的加速器中经常会产生粒子 – 反粒子对。巨大的速度意味着碰撞能量很容易达到足够高和程度。但由此产生的反粒子非常"短命"，与普通粒子进一步碰撞就会湮灭。欧洲核子研究中心的反物质工厂——世界上唯一的此类设施，其建造初衷是创造出足够"长寿"的反物质，以便对其进行适当研究。达到这个目的有两个步骤。首先是将反粒子放慢到可控速度，这不是加速器而是粒子减速器的工作。然后，反物质必须被限制在某个地方，以便对其进行研究，这项任务可不容易，因为反物质与任何种类的物质接触都会湮灭。解决方案是将反粒子困在一个强磁场内，在那里它们可以被用来制造反氢——一种由围绕反质子运行的正电子组成的"反原子"。

英国物理学家保罗·狄拉克（Paul Dirac）在 1928 年根据理论方程预测了反物质的存在。

电子

质子

物质

γ 射线

成对产生

正电子

反质子

反物质

湮灭

反氢（右）看起来和普通的氢别无二致（左），都有一个反质子和正电子代替质子和电子。

一对电子 – 正电子在有足够能量的条件下可以自发出现，或者湮灭，产生同样的能量。

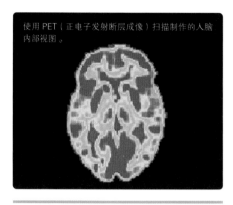

使用 PET（正电子发射断层成像）扫描制作的人脑内部视图。

> "只要能量足够，一个粒子－反粒子对可以凭空突然出现"

日常反物质

即使是普通物质的原子有时也会产生反物质粒子。"罪魁祸首"就是放射性同位素，因为放射性同位素要么包含的中子太少，要么包含的不稳定的原子太多。一些常见的物质含有少量这样的同位素，通过发射高能粒子衰变为更稳定的形式。这些一般都是普通的物质，例如在 β（贝塔）衰变的情况下的电子。一些放射性同位素也会发生"β－加"衰变，从而产生正电子。正电子在遇到电子湮灭并产生 γ 射线之前只能存在几分之一秒。日常生活中单个粒子的能量极小，我们体内就有正电子发射的同位素。最常见的是钾－40，占自然界中发现的钾原子的万分之一。钾－40 通常会衰变为普通的 β 粒子，但在大约 0.001%（十万分之一）的情况下，会衰变为一个正电子。

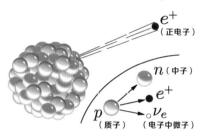

"β－加"衰变的示意图，其中一个不稳定的原子核放出了一个正电子。

反物质的来源

欧洲核子研究中心可能是唯一的反物质生产工厂，但也有其他制造反粒子的途径

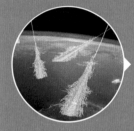

·宇宙射线·
少数轰炸地球的高速粒子是由星际空间的碰撞产生的反质子。这些粒子进入大气层后又发生了许多碰撞，产生了更多的反粒子。

·香蕉·
你没看错，就是香蕉。香蕉中含有丰富的钾，其中约 0.01% 的反粒子以钾－40 的形式存在，偶尔会发射正电子。一根香蕉平均每天产生约 20 个正电子。

·雷暴·
2011 年，美国宇航局的一颗卫星观察到地球上的雷暴上方产生了反物质粒子——闪电产生的高能 γ 射线的结果。

·核爆炸·
幸运的是，核爆炸现在已经很罕见了，但在 20 世纪 50 年代氢弹试验风头正盛的时期，核爆炸产生的 γ 射线导致电子－正电子对大量喷发。

·正电子发射计算机断层扫描·
PET 扫描仪利用注入血液的放射性同位素产生的正电子来观察人体内部。它检测的就是正电子和电子相互湮灭时产生的 γ 射线。

氚气罐
火箭的基本推进剂是氚，比氢多了一个中子。氚是核聚变反应堆的理想燃料。

有效载荷
根据不同的应用场景，有效载荷可能是科学仪器，甚至是一个宇航员舱。

有效载荷部分
反物质的效率远远高于传统的推进方式，因此有效载荷可以占总质量的较大部分。

正电子源
这个罐子里装的是放射性同位素，如氪–79，可以提供一个持续的正电子源。

反物质概念火箭

反物质空间驱动并不完全是天方夜谭，
下面就是一个或许可行的设计方案

有效载荷　　　　氚气罐　　　　正电子源

美剧《星际迷航》
（Star Trek）普及
了反物质动力空间
驱动的概念。

连续运行
与普通火箭只能短暂燃烧不同，
反物质火箭的设计初衷是在长
时间航行中连续运行。

聚变反应堆
正电子产生后，被注入
含有氘燃料的反应室，
促使其发生核聚变反应。

火箭喷嘴
核聚变反应产生的高能带电粒
子通过一个标准的火箭喷嘴喷
射出来，产生推力。

即产即用
与其他"反物质驱动"概念
不同，正电子一经产生就用
上了，因此不需要磁封。

即产即用　　　聚变反应堆

火箭喷嘴

连续运行

反物质的 **5** 个事实

— 1 —

以物质为主导的宇宙

尽管物质和反物质的属性完美
对称，但二者的相对丰度却极
不平衡。这是一个宇宙之谜，
科学家们仍在尽力破解。

— 2 —

最高效的爆炸物

物质和反物质的湮灭是已知唯
一能够以 100% 的效率将质量
转化为能量的过程。能量转化
效率最高的核武器也只能勉强
达到 10%。

— 3 —

非常稀缺

生产哪怕极其少量的反物质都
异常困难。欧洲核子研究中心
和世界各地的其他实验室才仅
仅制造出几十亿分之一克。

— 4 —

反物质会掉下来吗？

反物质可能是如此的"反"，
它对重力的反应方向与物质相
反。科学家们认为并非如此，
但他们还没有通过实验证实。

— 5 —

你的身体也能产生反物质

人体含有钾，其中一小部分是
正电子发射的钾 -40。在你阅
读这本书的时候，你可能已经
产生了一些反粒子，但不会有
任何不良影响！

49

霍金 2008 年在乔治·华盛顿大学发表演讲时的情景

检验霍金的理论

史蒂芬·霍金的哪些理论被证实了？

史蒂芬·霍金是现代最伟大的理论物理学家之一。他终生与渐冻症做斗争，常被媒体报道，因而闻名全球。但他真正的影响力来自半个世纪的辉煌科学生涯。从 1966 年的博士论文开始，他的开创性工作一直持续到 2018 年的最后一篇论文，完成于他 76 岁去世前的几天。

霍金一直奋斗在物理学知识前沿，他的理论在刚提出之时往往显得天马行空。不过，其各种理论正渐渐被主流科学界所接受，新的支持证据不断涌现。从他对黑洞的惊人观点到他对宇宙起源的解释，有一些理论已被证实，不过科学界对其他部分理论仍有争议。

· 事件视界 ·
黑洞的事件视界是指没有任何物质可以逃脱其引力的地方。如果在这个边界附近产生一对粒子，其中一个就会被困在里面。

什么是霍金辐射？

通过应用量子理论，
霍金证明了黑洞
自发的热辐射

· 物质创造 ·
宇宙大部分是由正常物质组成的。但反物质和物质在活跃的黑洞周围以相等的比例产生。

这幅插图显示了从大约 138 亿年前的大爆炸开始膨胀的宇宙。

"大爆炸" 理论胜出

宇宙大爆炸理论最早出现于霍金的博士论文中，该论文创作于一个关键时期，当时两派对立的宇宙学理论——大爆炸和稳态理论针锋相对，难解难分。两种理论都认为宇宙在不断膨胀，但第一种理论认为宇宙是从过去有限时间内的超紧凑、超密集状态膨胀的，而第二种理论则认为宇宙一直在膨胀，新物质总是被创造出来以保持恒定的密度。霍金在论文中表示，稳态理论在数学上是自相矛盾的。他反而认为宇宙开始于一个无限小、无限密集的点，称为"奇点"。今天，霍金的理论几乎已经被科学界普遍接受。

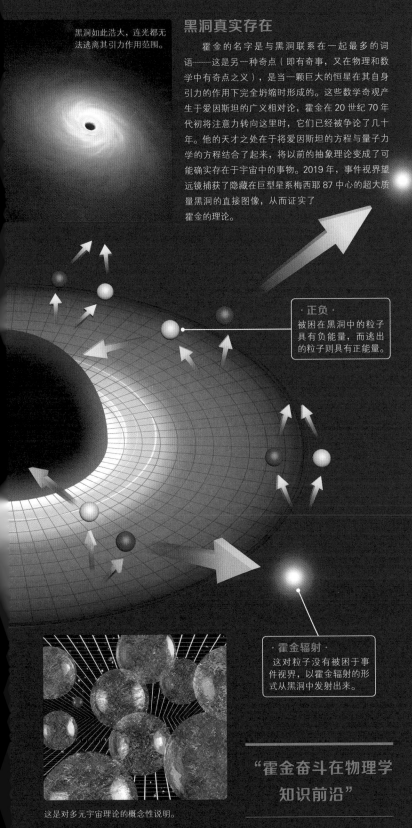

黑洞如此浩大，连光都无法逃离其引力作用范围。

黑洞真实存在

霍金的名字是与黑洞联系在一起最多的词语——这是另一种奇点（即有奇事，又在物理和数学中有奇点之义），是当一颗巨大的恒星在其自身引力的作用下完全坍缩时形成的。这些数学奇观产生于爱因斯坦的广义相对论，霍金在 20 世纪 70 年代初将注意力转向这里时，它们已经被争论了几十年。他的天才之处在于将爱因斯坦的方程与量子力学的方程结合了起来，将以前的抽象理论变成了可能确实存在于宇宙中的事物。2019 年，事件视界望远镜捕获了隐藏在巨型星系梅西耶 87 中心的超大质量黑洞的直接图像，从而证实了霍金的理论。

·正负·
被困在黑洞中的粒子具有负能量，而逃出的粒子则具有正能量。

·霍金辐射·
这对粒子没有被困于事件视界，以霍金辐射的形式从黑洞中发射出来。

"霍金奋斗在物理学知识前沿"

这是对多元宇宙理论的概念性说明。

科学家尚不确定的 5 个理论

1 信息悖论

霍金认为，关于组成黑洞的材料的基本属性的信息储存在黑洞周围的零能量粒子云中。这是关于黑洞隐藏的组成材料所提出的几种假说之一。

2 原始黑洞和暗物质

霍金是第一个研究黑洞背后的理论的科学家，随后以此为基础提出了宇宙大爆炸理论。他说，这些黑洞可能构成了天文学家认为遍布宇宙的神秘暗物质。

3 多元宇宙

霍金对一些科学家提出的意见并不赞同，他们认为想象到的任何荒诞事情一定正在无限的平行宇宙中的某个地方发生。霍金则提出了一个新的数学框架，认为宇宙是有限的。

4 时序保护猜想

爱因斯坦的方程为时间旅行提供了支撑，霍金对此感到困惑，因为他认为这会引发一些不应该发生的逻辑悖论。他提出时序保护猜想即某些目前未知的物理学定律阻止了这些封闭类时曲线的形成。

5 末日预言

霍金晚年提出了一系列关于人类未来的悲观预言，他可能是认真的，也可能在开玩笑。这些预言包括：神秘的希格斯玻色子可能会引发一个真空泡而吞噬整个宇宙、外星人入侵和 AI（人工智能）控制地球。

高科技
应用

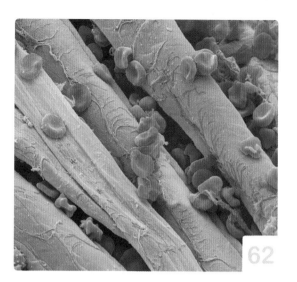

62

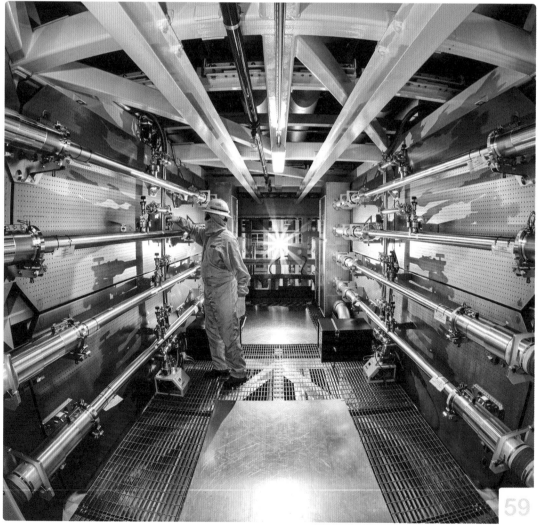

59

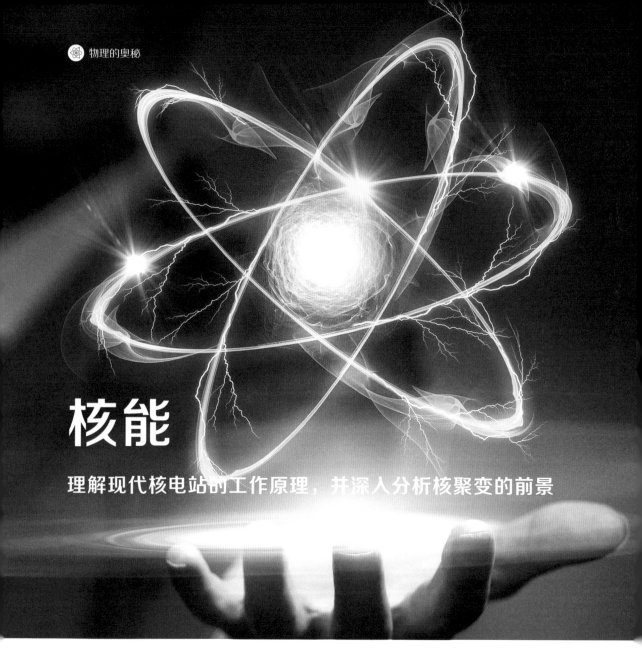

核能

理解现代核电站的工作原理，并深入分析核聚变的前景

  利用核反应产生的能量来发电的构想已有近80多年的历史。经历了20世纪70年代的放缓之后，核电现在又逐渐兴起，部分原因是人们对燃烧化石燃料有害影响的担忧与日俱增。今天的商业核反应堆从核裂变过程中产生能量，下面将探讨核反应堆带来的影响，以及核电站如何运转和为什么能产生如此多的能量。不过，尽管裂变是一项经过考验和证实的技术，但许多科学家认为，未来是核聚变的时代。在接下来的内容中，我们会了解核聚变的过程，它与裂变有什么不同，以及我们离利用这种潜在的丰富能源中发电还有多远。

  化学键含有大量的能量，可以通过化学反应释放出来。燃烧矿物燃料就是一个典型的例子。

我们只要估算一下燃烧一升汽油汽车可以行驶多远，就可以得出此过程产生的能量。但是，与储存在原子核中质子和中子之间的键中的能量相比，储存在化学键中的能量是极其微小的。

  这种在核电站中发生的核反应释放出来的能量与燃烧矿物燃料相比，优势极大。同等质量核燃料的裂变可以产生比燃烧煤炭或石油多200万~300万倍的能量。

  科学家们在20世纪30年代首次认识到核能的潜力。意大利物理学家恩利克·费米（Enrico Fermi）尽管不是唯一值得注意的研究者，却被誉为"核时代的建筑师"。1939年，费米在美国哥伦比亚大学任职，他在那里探测到了核裂变的能量释放，并于1942年协助完成了全球首个

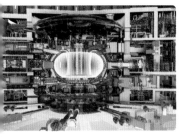

ITER 项目的目标是在 2035 年之前交付第一个大型核聚变反应堆。

自给自足的可控核连锁反应。然而，政治事件很快改变了核技术研究的进程。随着美国被卷入第二次世界大战，费米被征召参加曼哈顿计划（the Manhattan Project）。他与当时其他的知名科学家，尤其是罗伯特·奥本海默（Robert Oppenheimer），对核弹的研制起到了重要作用。

"二战"结束后，各国重新关注核裂变作为能源的应用。世界第一座商业核电站，即英国的科尔德霍尔核电站，于 1956 年启用，发电量为 50MW（兆瓦）。短短几年内，美国、加拿大、法国和苏联的核电站也相继投入运行。今天，全球 30 个国家共有大约 450 座运行的核电站。

尽管原子曾被认为是不可分裂的，但核裂变确实可以分裂原子，将一个高原子量的原子分裂成两个低原子量的原子。核电站的首选元素是铀，但不是普通的铀。元素的种类是由其原子核中的质子数决定的。对于铀来说，质子数是 92，质子数也叫作原子序数。

"尽管原子曾被认为是不可分割的，但核裂变确实可以分裂原子"

核裂变 VS 核聚变

核裂变和核聚变是相反的核反应过程，但二者都能释放能量

核裂变

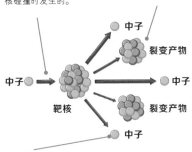

· 裂变反应 ·
裂变是在中子与铀-235 等高原子量元素的原子核碰撞时发生的。

· 裂变产物 ·
其结果是两个较小的核——铀-235 通常裂变成钡和氪，以及两个或三个中子。

· 连锁反应 ·
产生的中子比触发裂变的中子多。这些中子触及其他铀-235 核，引发连锁反应。

核聚变

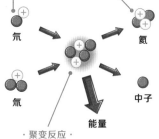

· 氘和氚 ·
氘核包含一个质子（图中为黄色）和一个中子（图中为紫色）。氚核比氘核多一个中子。

· 聚变产物 ·
聚变产生了一个较大的元素（氦）的原子核，并发射一个中子。在此过程中，能量被释放出来。

· 聚变反应 ·
氘和氚的原子核在超过 1 亿摄氏度的温度下相遇时，会发生核聚变反应。

结合能

结合能是分离一对核子（即质子和中子）所需的能量，随原子核中的核子数量（原子量）变化而变化，在 50~70 个核子之间达到最大值。由于大裂变（能够裂变）核和小裂变（能够聚变）核的结合能都比它们在裂变或聚变过程中生成的核的结合能小，所以在反应中会释放能量。该图的形状也解释了为什么聚变比裂变能产生更多的能量。由于少量核子的曲线特别陡峭，易裂变核（^2H 和 ^3H）的结合能与核聚变产物（^4He）的结合能之间存在很大差异。

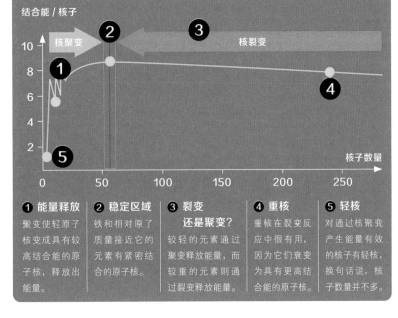

❶ **能量释放**
聚变使轻原子核变成具有较高结合能的原子核，释放出能量。

❷ **稳定区域**
铁和相对原子质量接近它的元素有紧密结合的原子核。

❸ **裂变还是聚变？**
较轻的元素通过聚变释放能量，而较重的元素则通过裂变释放能量。

❹ **重核**
重核在裂变反应中很有用，因为它们衰变为具有更高结合能的原子核。

❺ **轻核**
对通过核聚变产生能量有效的核子有轻核，换句话说，核子数量并不多。

然而，元素可以以几种形式同时存在，这几种形式互为该元素的同位素，各同位素在原子核中的中子数量有所不同。铀的同位素包括铀-235和铀-238，其中的数字是原子量（一种元素中原子的平均质量，通常以相对 ^{12}C 的质量来表示，^{12}C 的质量分为 12 等份），是质子和中子数量的总和。自然界中的铀约为 99.27% 的铀-238——对生产能源用处不大，只有 0.7% 的铀-235，因为铀-235可以进行裂变（铀-238 不能维持裂变链式反应）。因此，必须在一个称为"浓缩"的过程中增加裂变铀-235的浓度使其成为有用的燃料。由于铀的两种主要同位素的化学性质非常相似，浓缩是一个漫长的过程，在这个过程中，铀-235 的浓度逐步提高。用于发电的浓缩铀具有大约 3%~5% 的铀-235。

当中子射向铀-235 时，铀-235发生裂变。中子最初被铀-235 捕获，但这会使其变得非常不稳定，进而分裂成其他两种元素，并在此过程中释放出能量。铀-235 的裂变可以产生一系列的副产物，钡和氪的同位素是最常见的两种。这些副产物中的大多数本身就具有高度放射性，因此也会发生衰变。但至关重要的是，裂变反应还会释放出两个或三个中子，然后这些中子可以自由地与其他铀-235原子碰撞，从而使其发生核裂变。因此产生了一个连锁反应，这意味着聚变反应一旦发生，就会自我维持。事实上，在核反应堆中，只有控制得当，才能避免过程中能量过快释放，造成灾难性的后果，1986 年切尔诺贝利核电站事故就是前车之鉴。

解决办法是使用一种能够捕获中子而本身不发生裂变的材料，最常见的是硼。这些材料被塑造成所谓的"控制棒"，并被安置在反应堆堆芯中。通过提升和放低控制棒，可以控制中子通量，使裂变反应发生，同时防止失控，这种情况称为临界状态。控制棒还能紧急关闭反应堆。

1 缓冲燃料储存池
使用过的燃料在二次处理之前暂时储存于此。池水由冷却系统处理，以回收水并防止乏燃料过热。

2 反应堆压力容器
压力容器内有堆芯和水，能将热量传递给涡轮机。

3 蒸汽和水管道
管道将蒸汽引入涡轮机，并将冷凝水送回反应堆。

4 密封保护仓
密封保护仓防止在发生事故时放射性物质泄漏。

核裂变工厂内部

基于日本日立市经济简化型沸水反应堆设计的发电站展示

· 加注机 ·
机器人机器在加注过程中不断把燃料棒放入和移出反应堆。

· 燃料仓 ·
新燃料和乏燃料也储存在这里，不过乏燃料储存在水下以减少辐射风险。

乏燃料（spent fuel，用过的燃料）储存在水下，以防放射性物质泄漏。

· 倾斜燃料转运系统 ·
倾斜燃料转运系统负责在燃料仓和密封保护仓之间转运新的和用过的燃料。

> "不同类型的反应堆之间的区别在于从堆芯提取热量的方式不同"

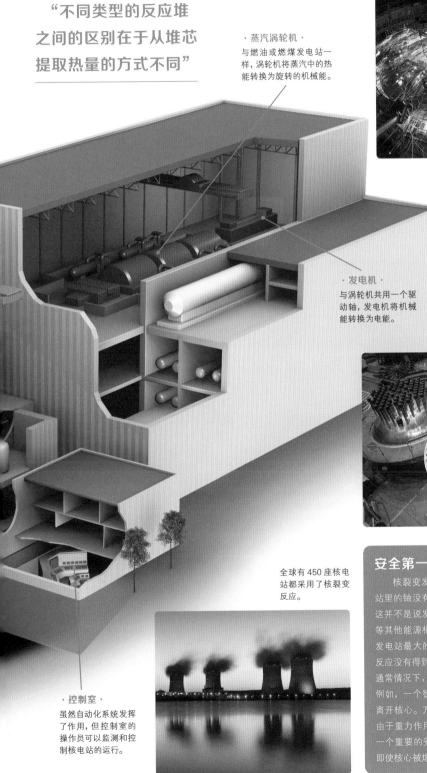

· 蒸汽涡轮机 ·
与燃油或燃煤发电站一样,涡轮机将蒸汽中的热能转换为旋转的机械能。

美国桑迪亚国家实验室的"Z机器"用于研究核聚变所需的高温和高压。

· 发电机 ·
与涡轮机共用一个驱动轴,发电机将机械能转换为电能。

控制棒是防止核反应堆达到临界状态的关键。

全球有450座核电站都采用了核裂变反应。

· 控制室 ·
虽然自动化系统发挥了作用,但控制室的操作员可以监测和控制核电站的运行。

安全第一

核裂变发电站不会发生核爆炸,因为发电站里的铀没有像核弹里的铀那样经过浓缩。但这并不是说发电站就没有风险了,只是与煤矿等其他能源相比,它的爆炸风险很小。核裂变发电站最大的风险是临界状态,即裂变时链式反应没有得到适当控制,导致过热,甚至火灾。通常情况下,可以操作控制棒来防止这种情况。例如,一个智能的安全功能需要电力使控制棒离开核心。万一发生电力中断的情况,控制棒由于重力作用落入堆芯,从而关闭反应堆。另一个重要的安全措施是密封保护仓,有了它,即使核心被熔化,辐射也不会释放到大气中。

谈及核电站自然避不开各种类型的反应堆，诸如压水反应堆、沸水反应堆、马格诺克斯反应堆或气冷反应堆等。不过，在顶层原理上，所有核电站的工作方式基本都一样。核裂变反应产生热量，使水变成蒸汽，后续流程就和燃煤或燃油发电站一样。蒸汽驱动涡轮机，而涡轮机又驱动发电机，产生电力。

不同类型的反应堆之间的区别在于从堆芯提取热量的方式不同。沸水反应堆中，用来产生蒸汽的水经过核反应堆被抽吸。而在压水反应堆中，为了防止污染的蒸汽进入涡轮机，有两个水回路。一次水流经反应堆，在热交换器中把热量传递给二次水，二次水再变成蒸汽并驱动涡轮机。英国较为流行的先进气冷式反应堆结构与此类似，不同点在于这种反应堆利用二氧化碳把热量从反应堆中的一次水转移到二次回路中。

目前的情况就是这样，但核电"圣杯"（Holy Grail）的原理是核聚变而非核裂变。顾名思义，核聚变是两个原子核合并，产生一个相对原子质量更大的元素，与核裂变相反。这个过程同样会产生能量，地球从太阳获得的丰富能量就是大规模核聚变反应的结果。太阳中的一种核聚变反应也是研究最多的一个反应，它发生在两种氢的同位素即氘（氢–2）和氚（氢–3）之间，此反应产生氦。核聚变产生的能量比核裂变多得多，而且副产物没有放射性，从而减少了核废料的安全隐患，此外，地球上核聚变所需的材料储量也很充足。然而，尽管优点不少，在核聚变发电大规模应用之前，还有一些不小的挑战需要应对。特别是，启动并维持超过 1 亿摄氏度的反应温度，并且为了将氘和氚原子保持在一起，需要数千倍于地球本身的磁场。

燃烧矿物燃料会产生温室气体，核裂变尽管在不产生二氧化碳的情况下提供世界约 11% 的电力，却也不乏批评的声音。虽然可再生能源未来必定会大展拳脚，但有朝一日核聚变发电站技术开花结果，其潜在优点不容小觑。目前，一个涉及中国、欧盟成员国、印度、日本、韩国、俄罗斯和美国的项目引起了人们的极大兴趣。该项目名为 ITER，旨在 2035 年之前制造出第一个运行中的大规模核聚变反应堆，让我们拭目以待吧。

文德尔施泰因 7-X 聚变反应堆
全球最大的核聚变反应堆背后的工程设计

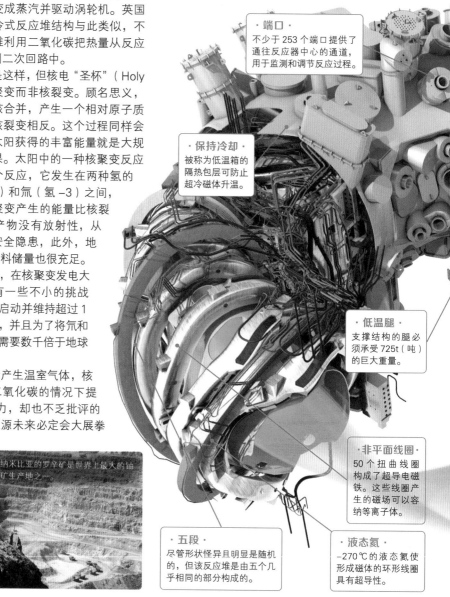

· 端口 ·
不少于 253 个端口提供了通往反应器中心的通道，用于监测和调节反应过程。

· 保持冷却 ·
被称为低温箱的隔热包层可防止超冷磁体升温。

· 低温腿 ·
支撑结构的腿必须承受 725t（吨）的巨大重量。

· 非平面线圈 ·
50 个扭曲线圈构成了超导电磁铁。这些线圈产生的磁场可以容纳等离子体。

· 五段 ·
尽管形状怪异且明显是随机的，但该反应堆是由五个几乎相同的部分构成的。

· 液态氦 ·
–270℃ 的液态氦使形成磁体的环形线圈具有超导性。

纳米比亚的罗辛矿是世界上最大的铀矿生产地之一。

备用核聚变反应堆比较

大多数核聚变反应堆的设计是带有外部线圈的超环状体。超环状体能产生所需的磁场，以防止高温等离子体接触反应堆的内壁。但磁场必须有一个转折点。

·托卡马克·
托卡马克反应堆中，电流流过等离子体产生扭曲。

·恒星器·
在恒星器反应堆中，整个机器被扭曲以实现场内的扭曲。

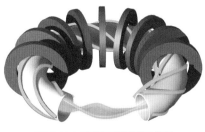

·中央支持结构·
为了按预期运行，构成反应堆的五个部分必须通过固定在一个刚性的中央框架上来精准安放。

·真空容器·
为了形成等离子体，真空容器需要保持比大气压力的一亿分之一还低的压力。

·平面线圈·
这 20 个线圈可以对磁场进行微调。

·等离子体·
用于核聚变的同位素被加热到一亿摄氏度，在这个温度下形成了一个等离子体。

"核电的'圣杯'是聚变而不是裂变"

核聚变的挑战

对核聚变的研究几十年前就开始了，在那段时间，人们普遍认为三四十年后核聚变能投入商业应用。那么，为什么我们没有离核聚变发电站越来越近？是什么阻碍了它的发展？

障碍不止一个，而是有很多。其中最重要的一点是，核聚变需要极高的温度和大量的能量。多年来，实验性核聚变反应堆使用的能量都比其产生的能量要多。2014 年，美国劳伦斯·利弗莫尔国家实验室取得了一项突破，当时一个反应堆产生的能量是其消耗能量的 1.7 倍。但该反应堆是一个小规模的装置，随着技术规模的扩大，挑战也变得更加复杂。

值得注意的是，计划于 2035 年建成的 ITER 核聚变反应堆的一个目标是只利用 50MW 产生 500MW 的能量。

美国劳伦斯·利弗莫尔国家实验室内的国家点火装置利用超强激光器加热和压缩氢燃料进行聚变实验。

微观科学

显微镜是如何显示我们周围微观世界的？

你能看到的最小的东西是什么？一粒沙子还是你的指纹线条，抑或是仔细观察到的一根头发的直径？人类历史上的大部分时间里，我们的视力是科学研究中最大的限制之一。因为我们无法看到细胞、细菌或原子，所以对这些事物没有概念，直到 17 世纪发明了显微镜，我们才开始了解周围"看不见"的世界。

科学家们开始发现饮用水中群集的病菌和湖泊中的微型生物，后来他们开始更多地了解人体的解剖结构，发现了味蕾和血细胞。接下来的一个世纪里，显微镜技术蓬勃发展。科学家们努力研发更强大的显微镜，以帮助诊断癌症，在犯罪现场寻找证据，并在 19 世纪后期，发现了宇宙中万物的构成要素——原子。从最初的简单显微镜到第一台电子显微镜的发展，今天，我们拥有了更先进的技术，甚至可以看到原子之间的空间。

我们用显微镜来观察和拍摄人眼看不见的极小物体。显微镜可以分为两大类：光学显微镜和电子显微镜。提到显微镜时，你可能会想到光学显微镜——包含一个光源和一系列放大镜，可以让你仔细研究标本。这一类显微镜包括荧光显微镜（在特殊照明下观察标本发出的荧光）和激光显微镜（使用激光束来观察标本），通常用于医学诊断。

电子显微镜更加复杂，能提供更高的放大率和分辨率。但电子显微镜并非利用光束，而是使用一束电子来生成一个投影图像或记录来自标本的反弹电子。还有扫描探针显微镜，包括使用金字塔形探针扫描标本表面以绘制样本的原子力显微镜。

随着科学家们对微观世界的了解越来越多，我们的技术也越来越精细，许多人们感兴趣的研究和开发结构无法再用光镜观察。我们需要更高的功率和更高的分辨率来辅助生产一些产品，如我们智能手机内的微小芯片，电子显微镜正变得越来越流行。

> **"17 世纪显微镜出现后，人类才开始了解自身周围'看不见'的世界"**

谁发明了显微镜？

像许多发明一样，试图查明第一个制造显微镜的人并不容易。历史学家们对于究竟是汉斯·利珀希（Hans Lippershey，为第一台望远镜申请专利的人）还是眼镜制造商汉斯·马腾斯（Hans Martens）和扎卡里亚斯·杨森（Zacharias Janssen）这对父子没有定论。这三人都住在荷兰米德尔堡的一个小镇上。最早的显微镜结构相当简单，两端各放一个镜头的管子，可以达到 9 倍的放大率。

尽管扎卡里亚斯·杨森和他的父亲声称利珀谢从他们那里剽窃了显微镜的设计，这点在荷兰外交官威乐·博瑞尔（Willem Boreel）的信件中得到了印证，但人们普遍认为扎卡里亚斯是一个信口雌黄之人，他曾经通过伪造钱币发了大财。

汉斯·马腾斯和他的儿子扎卡里亚斯使用早期的显微镜。

显微镜之下　即使是分子或者细胞也无法逃脱这些仪器的强光照射

电子显微镜不能拍摄彩色照片，但可以人工着色，比如这张红血球的图像。

我们为何需要电子显微镜？

当你看一个非常小的东西时，如果光线充足，眼睛可以分辨出相距大约 0.2mm 的两个点，即眼睛的分辨率约为 0.2mm。光学显微镜的分辨率要高得多，而电子显微镜的分辨率则更高。这是因为电子的波长比白光短得多，白光的波长约为 400~700nm，电子显微镜的波长接近 0.1nm。较小的波长意味着被散射到随机方向的光的衍射较少，因此观察到的图像不那么"模糊"，而且更准确。

诊断学和犯罪现场中的显微镜

虽然科技更多依赖于电子显微镜，但生物学的许多领域都依赖于光学显微镜，尤其是在检查疾病时。研究人员在诊断学中使用光学显微镜来观察标本。这是因为疾病通常会在细胞上留下特定的变化痕迹，从而为病人体内正在发生的变化提供线索，比如感染疟疾的细胞内标志性的黑点，或者感染了牛海绵状脑病（英文缩写为 BSE，即臭名昭著的"疯牛病"）的患者脑组织之间的缝隙。

光学显微镜在法医领域也被广泛应用，调查人员在犯罪现场小心翼翼地寻找最细微的线索，并需要放大证据，如指纹或衣服上的纤维。

显微镜的未来

过去十年中，有许多想法和发明被创造出来，并仍在开发以用于工业。曼彻斯特大学走在开创性显微镜技术的最前沿。该大学的团队帮助研制了一种破纪录的光学显微镜，使生物学家离能够观察活体病毒（目前只能在电子显微镜下观察）更近一步。

约克大学的项目启动于 2013 年，旨在将光学显微镜和电子显微镜的技术整合到一个系统中，试图克服这两种类型显微镜的不足之处。

未来的技术也许很难预测，但有一点我们可以肯定，显微镜还没有发挥其全部潜力。谁知道我们还会发明什么样的显微镜？

显微镜下的五大发现

1 细菌

安东尼·范·列文虎克在 17 世纪 70 年代末发现了水中的细菌和原生生物。他将这些细菌的精美绘图寄给了伦敦的皇家学会。

2 细胞

植物细胞是由罗伯特·胡克在 1665 年发现的。他在观察软木的死细胞时，将其命名为"细胞"，他认为这些结构类似于"cellula"（修道院的小房间）。

3 原子核

在盖革·马斯登实验中，科学家通过用显微镜观察 α 粒子的光芒，发现原子含有一个带正电的原子核，其大部分质量都集中在原子核。

4 人类基因

1995 年，爱德华·B·刘易斯、克里斯蒂安·纽斯莱恩·沃尔哈德和埃里克·维肖斯发现了参与人类发育的基因。

5 镰状细胞性贫血

1910 年，实习生欧内斯特·E·欧伦斯在对一名患有贫血症的学生进行血液检查后发现了遗传性疾病镰状细胞贫血症，该学生的红细胞呈奇怪的月牙形。

光学显微镜常用来分析生物标本。

显微镜的重大时刻　显微镜经历了漫长的发展

 公元前 750—公元前 710 年
人们用凸形的岩石晶体盘制成了尼姆鲁德透镜，用于（聚焦太阳光线）灼烧或放大图像。

13世纪初
在眼镜中使用镜片成为普遍做法，单镜片放大镜开始流行。

1619 年
荷兰大使威乐·博瑞尔在伦敦看到属于发明家科内利斯·德雷贝尔的复合显微镜后，记录了最早的复合显微镜。

1655 年
第一次记录声称汉斯·马腾斯和扎卡里亚斯·杨森在 1590 年发明了复合显微镜。

1665 年
罗伯特·胡克在《显微制图》（Micrographia）中发表了生物照片集，并为他在树皮中发现的形状首创了"细胞"一词。

1673 年
安东尼·范·列文虎克改进了简易的显微镜，以观察生物标本。他后来观察到了细菌。

三种显微镜

这些设备使用不同的技术，能让我们看清宇宙中一些最小的物体

光学显微镜

光学显微镜使用光线和一系列的放大镜来观察血液或组织细胞等标本。你在学校科学课上使用的那种显微镜可能就是光学显微镜。虽然它是最古老的显微镜设计，但在生物研究和医疗诊断中仍然至关重要。

· 优点 ·
– 研究人员可以看到标本的自然颜色。
– 标本可以是活体。
– 光学显微镜不受磁场的影响。

· 缺点 ·
– 制作标本的处理过程可能会使标本变形。
– 放大率被限制在 1 500 倍。
– 对生物标本的分辨力（区分两点所需的距离）只有 100nm 左右。

扫描电子显微镜

扫描电子显微镜使用一束电子在标本的表面上扫描，产生二次电子、背散射电子和特征X射线。为防止电子撞击空气分子，这种显微镜一般放置在真空室中，而现代全尺寸的 SEM 可以达到 1～20nm 的分辨率。

· 优点 ·
– 标本所需的处理最少。
– 可以提供详细的三维成像。
– 响应速度快，可在几分钟内产生图像。

· 缺点 ·
– 标本必须是固体并能承受真空压力（不适合活体标本）。
– 由于标本下面有电子散射，操作时有辐射风险。
– 设备复杂且昂贵，体积大，对电、磁和振动干扰敏感。

透射电子显微镜

透射电子显微镜是我们目前拥有的最强大的显微镜。电子穿过标本并被聚焦，在屏幕上或显像板上形成一个图像。电子在显微镜下的移动速度越快，波长就越小，图像信息就越详细。

· 优点 ·
– 它是最强大的显微镜，可以把标本放大 100 万倍以上。
– 提供关于标本元素和化合物结构的信息。
– 可以确定形状和大小，以及结构和表面特征。

· 缺点 ·
– 标本必须是"电子透明的"（厚度小于 100nm）。
– 图像是黑白的。
– 标本处理复杂而困难。

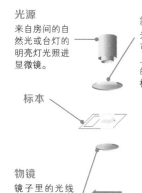

光源
来自房间的自然光或台灯的明亮灯光照进显微镜。

斜面镜
光线照射到一个可调节的斜面镜上，改变了光线的方向，使其向标本上方移动。

标本

物镜
镜子里的光线穿过载玻片上的标本打到物镜上，照出一个放大的图像。

目镜
目镜进一步放大了来自物镜的标本。

电子产生
电子在柱子的顶部产生，并通过显微镜加速向下移动。

聚焦的光束
电子通过透镜和孔径的组合产生聚焦光束。

电子互动
电子与标本相互作用，产生二次电子、背散射电子和特征X射线。

标本

探测
这些信号被一个或多个检测器收集以形成图像，然后显示在电脑屏幕上。

阴极射线
高压电源为阴极供电，产生一束电子。

聚光器镜头
第一个电磁线圈将电子浓缩成一束强大的光束，沿着显微镜的中心向下移动。

标本 →

投影镜头
投影仪镜头将图像放大，当电子束击中机器底部的荧光屏时，图像就会显现出来。

1873 年	**1951 年**	**1953 年**	**1967 年**	**1991 年**	**2008 年**
恩斯特·阿贝发现了阿贝正弦条件，即一个镜头形成没有任何扭曲的清晰图像需要满足的条件。	埃尔温·威廉·穆勒发明了场离子显微镜，首次使观察原子成为可能。	理论物理学教授弗里茨·塞尔尼克（Frits Zernike）因发明相位对比显微镜而获得了物理学诺贝尔奖。	埃尔温·威廉·穆勒在其最初的场离子显微镜的基础上，创造了第一个原子探针，人类第一次可以对单个原子进行化学鉴定。	发表了使用开尔文探针的原子力显微镜，能够观察原子和分子。	劳伦斯伯克利国家实验室安装了一台价值 2700 万美元的新显微镜，分辨率为半个埃[一埃为一厘米的亿分之一（10^{-8}）]，至今仍然是最强大的显微镜。

英国超级显微镜

达斯伯里的一个实验室安放着几台欧洲最强大的显微镜

英国柴郡的乡村小镇达斯伯里安放着几台欧洲最强大的显微镜。这个小镇是英国先进电子显微镜国家实验室的所在地，受工程和物理科学研究委员会（EPSRC）资助。来自世界各地的研究人员聚集在这里，轮流体验这里强大的显微镜。最新的型号是"Nion UltraSTEM 100MC 'HERMES'"，也被称为"SuperSTEM 3"，但该研究所还存放有较老的型号 Nion UltraSTEM 100（SuperSTEM 2）和配备了 Mark Ⅱ Nion Cs 校正器的 VG HB501 显微镜（SuperSTEM 1）。

这些显微镜是透射电子显微镜（TEM）的一种特定类型，称为扫描透射电子显微镜（STEM），不过"HERMES"显微镜可以作为传统的透射电子显微镜（CTEM）使用，因为它装有额外的扫描线圈，可以在不同模式之间切换。STEM 机器通过使用聚焦的电子束产生图像，该电子束以光栅模式（横跨矩形的水平且几乎重叠的线条）扫描较薄的标本。这些机器的分辨率极高，因而需要一个没有振动、温度波动、电磁波和声波的极其稳定的环境。在 SuperSTEM 2 附近拍手就可以确定这种敏感性，干扰会立即被记录在计算机上，并将原子振荡到一边。

SuperSTEM 1 只需要基本的稳定性和空气监测，SuperSTEM 2 被罩在厚厚的帘子里以减少干扰。SuperSTEM 3 则极其敏感，必须在一个单独的房间里操作。

SuperSTEM 非常乐意为全球科学界提供使用机会。以前的项目包括研究用于发电的热电氧化物，以及二硫化钼——一种用于炼油厂的催化剂，可去除化石燃料中有害的硫杂质。各个领域的研究人员受邀申请免费使用这些显微镜，不过首先要排号以通过负责管理该实验室的科学家的审查。

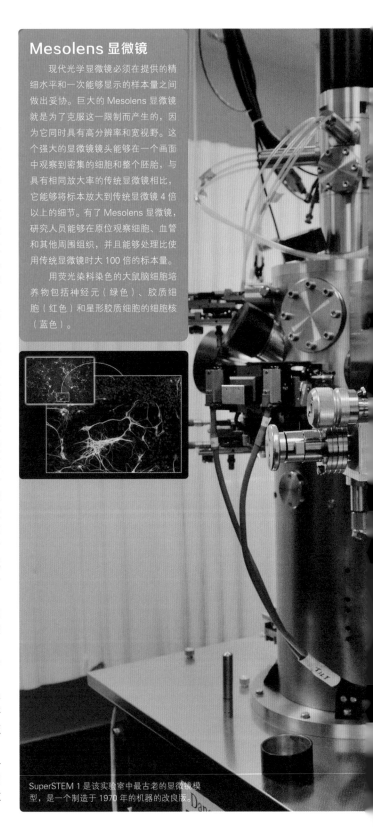

Mesolens 显微镜

现代光学显微镜必须在提供的精细水平和一次能够显示的样本量之间做出妥协。巨大的 Mesolens 显微镜就是为了克服这一限制而产生的，因为它同时具有高分辨率和宽视野。这个强大的显微镜镜头能够在一个画面中观察到密集的细胞和整个胚胎，与具有相同放大率的传统显微镜相比，它能够将标本放大到传统显微镜 4 倍以上的细节。有了 Mesolens 显微镜，研究人员能够在原位观察细胞、血管和其他周围组织，并且能够处理比使用传统显微镜时大 100 倍的标本量。

用荧光染料染色的大鼠脑细胞培养物包括神经元（绿色）、胶质细胞（红色）和星形胶质细胞的细胞核（蓝色）。

SuperSTEM 1 是该实验室中最古老的显微镜模型，是一个制造于 1970 年的机器的改良版。

SuperSTEM 2 在帘子后面
操作,以保护实验不受温度
波动或空气振动的干扰。

采访

SuperSTEM 的
德米·凯帕普索格卢
(Demie Kepaptsoglou)

《万物》(*How It Works*)杂志采访了揭开宇宙原子秘密的项目背后的一名科学家。

《万物》:你在这些显微镜下一定看到过一些不可思议的东西。你最喜欢的是什么?

德米·凯帕普索格卢:那可多了!石墨烯必是其中之一。我还记得第一次看石墨烯的时候,感觉太酷了,因为石墨烯只有一个原子的厚度,我能够清晰分辨出每个原子。我们还与德国的同事合作,他们给我带来了宇宙中飞来的陨石,其中一些有 45 亿年的历史了。我惊讶地发现,陨石中存在有机物质。有这样一种理论,它可能阐明了第一类有机物质来到地球的方式。我们有这样一句话:我们正在以一次研究一个原子的方式来研究宇宙,但可能需要一阵子才能研究清楚。

《万物》:在原子层面上认识生活中的材料很重要吗?

德米·凯帕普索格卢:你还记得那些爆炸的手机电池吗?这些手机体积很小,却和十年前的电脑功能一样强大。显然,那些电池可能在生产过程中出了一些差错,因为现在的产品太小了。我们对日常产品中包含的工作和科学认识还不够。

《万物》:未来有什么电子显微镜的技术进步可能让你激动?

德米·凯帕普索格卢:那就是涉及原子和亚原子粒子药物输送系统。已经有研究将磁性纳米粒子附着在药物上,这样他们就可以使用磁铁来引导药物到达他们指定的位置,比如肿瘤或其他地方。

《万物》:纳米粒子对我们的健康有危害吗?你能用电子显微镜来研究这个问题吗?

德米·凯帕普索格卢:可以,我参与了一项大气研究,他们在公路边收集纳米粒子,正在研究空气中都是什么样的纳米粒子,结果发现大量的氧化铁来自汽车刹车。了解事物的外表和其作用对于理解这些粒子对健康的影响非常关键。

为何超导体如此高效？

超导体可能看着像是完全普通的材料，但调低环境温度，它们的"超能力"就会显现出来

超导体是铅等金属或氧化物，可以无阻力地导电。存在的问题只有一个——它们需要保持在 –265℃ 左右的低温下才能显示出能力。

观察一块铅的内部，你会看到一排又一排整齐的离子"沐浴"在电子群中。这些松散的电子是导电的——让它们运动起来，就会产生电流。在室温下，铅离子无休止地振动着。从电子的角度来看，这就像尝试在拥挤的舞池中移动而不打翻你的饮料。电子和离子之间的不断碰撞将电能转化为热能——这就是电阻的形成。

然而，将温度调低几百个档次，离子的振动就会减弱，形成一个稳定的晶格。当电子流过时，一种新的效应开始发挥作用：晶格中的扭曲迫使它们成对。

这些不可能的结合引发了一个量子物理学怪事：整个材料中的电子对凝聚成一个完全同步的云，移动起来类似于一个鱼群。这意味着成群的电子可以在不碰撞的情况下穿过晶格，因而没有任何阻力。

由于这一惊人特性，强电流通过超导体而不会过热，因此可以用来创造出无比强大的电磁铁。超导材料目前被用于核磁共振扫描器、超级计算机、大型强子对撞机等粒子加速器和磁悬浮列车等。

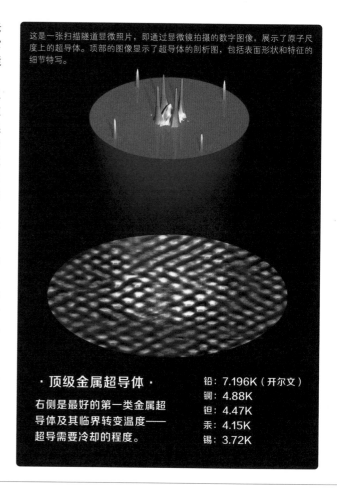

这是一张扫描隧道显微照片，即通过显微镜拍摄的数字图像，展示了原子尺度上的超导体。顶部的图像显示了超导体的剖析图，包括表面形状和特征的细节特写。

· 顶级金属超导体 ·

右侧是最好的第一类金属超导体及其临界转变温度——超导需要冷却的程度。

铅	7.196K（开尔文）
镧	4.88K
钽	4.47K
汞	4.15K
锡	3.72K

超导体进化史

《万物》带你穿越 20 世纪，看看超导体取得了多大成就。

1911 年

绝对零度

荷兰物理学家海克·卡末林·昂内斯（Heike Kamerlingh Onnes）和他的团队创造了略高于绝对零度的温度，发现汞是一种良好的超导体。

1933 年

悬浮现象

迈斯纳（Meissner）和奥克森菲尔德（Ochsenfeld）发现了迈斯纳效应：超导体具有排斥磁场并支撑磁铁悬浮的神奇能力。

1935 年

伦敦兄弟

弗里茨（Fritz）和海因茨·伦敦（Heinz London）调和了超导体理论，表明零电阻和迈斯纳效应源于同一现象。

活跃中的超导体
理解超导体是如何使电子更容易传递

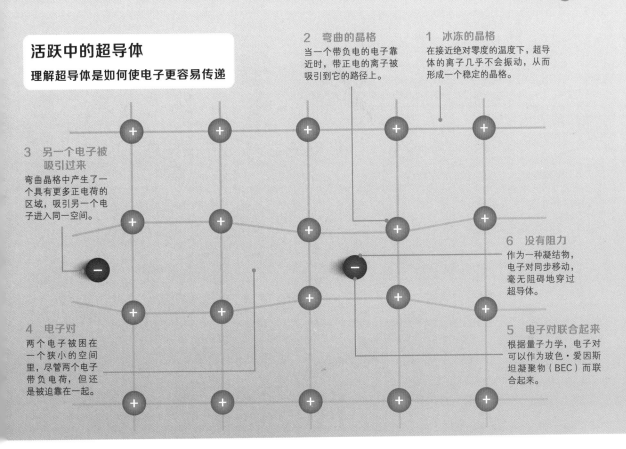

2 弯曲的晶格
当一个带电的电子靠近时，带正电的离子被吸引到它的路径上。

1 冰冻的晶格
在接近绝对零度的温度下，超导体的离子几乎不会振动，从而形成一个稳定的晶格。

3 另一个电子被吸引过来
弯曲晶格中产生了一个具有更多正电荷的区域，吸引另一个电子进入同一空间。

6 没有阻力
作为一种凝结物，电子对同步移动，毫无阻碍地穿过超导体。

4 电子对
两个电子被困在一个狭小的空间里，尽管两个电子带负电荷，但还是被迫靠在一起。

5 电子对联合起来
根据量子力学，电子对可以作为玻色·爱因斯坦凝聚物（BEC）而联合起来。

冷冻的超导体排斥磁场，使磁铁悬浮起来。

1957 年	1986 年	2020 年
BCS	**热的超导体**	**更热的超导体**
巴丁、库珀和施里弗提出超导的BCS理论，解释了电子配对现象，并因此赢得了诺贝尔奖。	贝德诺兹和穆勒发现了第一个"高温"超导体，它在零下243.15摄氏度（相比绝对零度高很多）时仍能发挥魔力。	一种由氢、碳和硫组成的金属化合物在15℃时表现出超导性，但要在极端的压力下。

超导的潜力

尽管其能力令人印象深刻，但目前的大多数超导体技术仍被束缚在高科技的实验室里，被笨重、耗能和非常昂贵的冷却系统所累，无法发挥作用。

科学家们已经把目光投向了创造一种能在常温常压下工作的超导体，以把尖端技术带入我们的日常生活中。廉价的便携式核磁共振扫描器可以极大地改善医疗保健，而超高速磁悬浮列车将飞驰在全国各地，缩短旅行时间。

用超导电缆取代我们低效的电网也将削减我们的电费。它还可以给可再生能源——例如通常距离我们的城市很远的风电场——提供当之无愧的推动力。在其他方面，支持超导体的电子产品可以看到更小、更快的计算机出现在大街上。

虽然物理学家已经成功地创造了在15℃时运行的超导材料，但它们需要极高的压力，接近于在地球中心的压力。许多人仍然相信，真正的室温超导体的"圣杯"可以实现——它只是一个时间和耐心的问题。

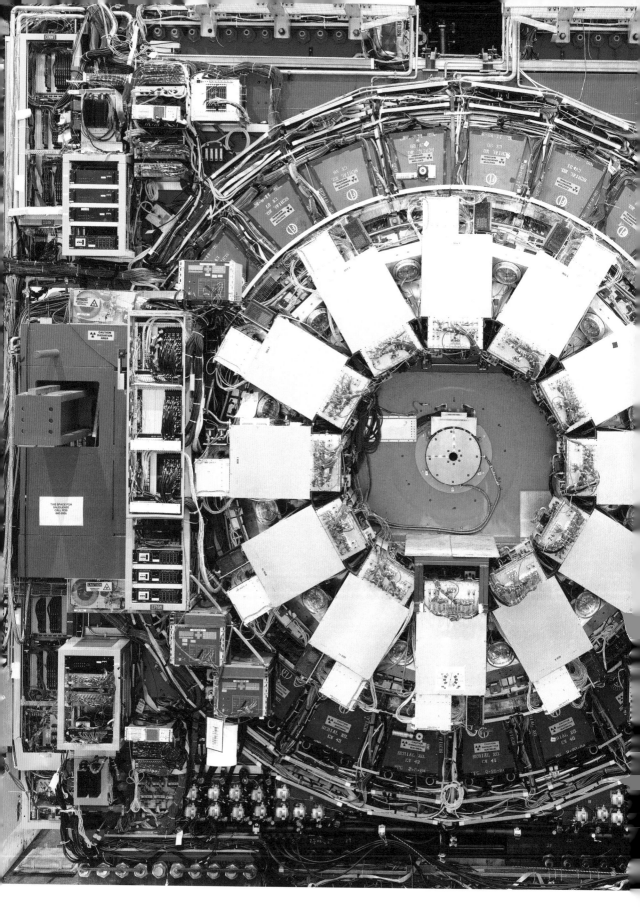

原子碰撞机的内部

进入粒子加速器旅行，探索正在破解宇宙之谜的实验

在美国中西部的地下深处，一个最新的项目正在利用先进的粒子技术来研究微小的亚原子物质。强大的粒子脉冲几乎以光速从一个地下设施送到各州。它的目的是揭开人类的起源之谜。欢迎来到费米实验室。

位于伊利诺伊州芝加哥附近的费米国家加速器实验室（The Fermi National Accelerator Laboratory，简称费米实验室）是美国高能粒子物理学的首要实验室。它于 1967 年 6 月 15 日开始运行，是美国能源部管辖的 17 个国家实验室之一。其工作人员目前的任务是寻找和研究名为"中微子"的神秘粒子。

中微子是亚原子基本粒子，类似于电子或质子，只是质量更小，没有电荷。我们无法看到、听到、闻到或感觉到中微子，但它们就在我们身边，而且正以极快的速度穿过你的身体——每秒钟穿过的数量就有约 100000 亿个。揭开它们的神秘面纱有可能增加我们对物质起源的了解。中微子无法用肉眼看到，但它们可能对宇宙的运转方式至关重要。科学家认为，在形成宇宙的大爆炸发生后不久，存在着等量的物质和反物质（一种质量相同但电荷相反的搭档粒子）。之后物质粒子比反物质粒

> **每秒钟有 4 万条宇宙射线通过探测器**

费米实验室位于一个 27.5km² 的场地上。

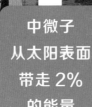

中微子从太阳表面带走 2% 的能量

每秒钟从费米实验室射出 100 万亿个中微子

费米实验室并不是唯一拥有中微子探测器的地方——欧洲核子研究中心、南极分别有一台。

费米实验室也是许多鸟类、昆虫以及小狼和野牛的家园

NOvA 远距离探测器是世界上最大的独立塑件。

子丰富得多，原子、恒星、行星和人类得以形成。费米实验室的粒子加速器可以同时发出中微子和反中微子，即它们的反物质对应物，因此，如果能查明中微子和反中微子的运动方式的差异，可能有助于解释宇宙如何演化到最后却基本没有反物质了。

中微子是在太阳的巨大核反应中，或者当一颗恒星发生超新星爆发时自然产生的，也可以在核电站和使用粒子加速器的过程中（比如在费米实验室）产生。为了测试、分析这些罕见的粒子，费米实验室已经开展了各种项目。第一个项目是 20 世纪 90 年代末的 DONUT，随后是 2005 年的 MINOS。NOvA 中微子实验于 2014 年开始运行，并下了更大的赌注——它是有史以来最大的实验之一。

NOvA 使用的粒子加速器将一束质子发射到 800 多千米外的明尼苏达州阿什河（Ash River）的一个探测器上。粒子不需要通过隧道，而是直接穿过地球。这个重达 14000t 的探测器充满了导光纤维，以记录中微子与其他粒子碰撞产生的能量。除了纤维之外，还有 344000 个反射塑料单元，这些单元盛放着 1100 万升透明液体，当粒子接触时就会发光。该设施使用低温技术将机器保持在其最佳工作温度——-15℃。该探测器是如此巨大，以至于需要一个独特的运输设备来运载它的 28 个 200t 的大块。

NOvA 分析中微子如何变化或"振荡"成不同类型。中微子几乎不留下任何痕迹，也很少与其他粒子相互作用。粒子加速器发射质子，然后以非常高的能量撞向阿什河中的目标。产生的短暂性粒子衰变产生中微子。当中微子与其他粒子碰撞时，相互作用的痕迹被一台探测器接收，由物理学家检查并与以前的统计数据进行比较。科学家们正在寻找数据中的规律，以解读中微子的活动以及运动方式。

物理学家取得的关键突破之一是中微子有不同的类型或"味"，每一种都以它与哪种带电粒子碰撞而命名。中微子来自轻子系列粒子，与轻子一样，有三种类型：μ 介子中微子、电子中微子和陶氏中微子。例如，电子中微子是在一个中

— 问答 —

与费米实验室高级科学家
彼得·沙纳汉
（Peter Shanahan）
一起了解 NOvA

彼得是费米实验室 1 750 名员工中的一员。该实验室与 50 多个国家合作开展多个实验。

▶ **你怎么会对研究中微子感兴趣？**

彼得·沙纳汉：我在博士后研究接近尾声的时候，中微子研究领域刚刚有了突破，发现了中微子的"味"振荡。我对这个新兴领域的研究潜力感到非常激动。最终在费米实验室获得了一个职位，参与了 MINOS 在美国该领域的第一个实验，从那时起我就一直从事中微子的研究。

▶ **和这个高科技设备打交道的感觉如何？**

彼得·沙纳汉：大部分操作是由技术人员、研究生和博士后研究人员完成的，包括更换偶尔坏掉的传感器或电子卡，并使用计算机分析获取的数据。随着资历越来越深，工作往往会更容易远离实操。我们密切关注、监测探测器的系统和数据采集，包括执行检查表，以确保一切运行正常，并确保我们正在采集良好的数据。

▶ **工作中最激动人心的是什么？**

彼得·沙纳汉：我们的实验通常需要几十年的时间来计划、构建、操作和产生最终结果。在这一过程中，有许多激动人心的里程碑。例如，我们对一个计划中的实验进行了广泛的模拟。在这个过程中，我们第一次看到一个新的探测器技术在跟踪粒子方面的优秀表现，这是基于对探测器和通过它的粒子的详细模拟。新探测器第一次发现一个准确无误的宇宙射线粒子总是令人激动。还有就是，你做的实验产生了新的物理学结果，可能是得出了比以前更精确的测量结果，也可能是回答了一个以前没有人能够回答的问题。

1.6km 厚的坚硬岩石将保护 DUNE 免受宇宙射线的影响

一名技术员正在检查费米实验室的对撞机探测器的某个部分。

微子撞上一个电子时产生的。当中微子在光束中爆炸时，它们在三种类型之间频繁变化。一开始是 μ 介子中微子，经常振荡到电子和陶氏中微子。中微子振荡就像当你离开超市时一块水果变成了蔬菜，或者在你回家之前一本杂志又变成了一本书。理解这种情况的发生原因将是理解中微子性质的关键。

NOvA 是否有一个最终阶段？它有助于增加对中微子振荡的科学知识，并进一步寻找第四种中微子类型。伦敦大学学院和英国的萨塞克斯大学都在与该项目合作，协助分析振荡情况。NOvA 将收集数据到 2024 年，也就是它首次开启的十年后，然后将被一个名为 DUNE 的全新项目所取代。

DUNE，即"深层地下中微子实验"，于 2017 年 7 月开始工作。该项目将是在美国进行的最大的国际科学实验。它将是世界上最强的粒子束，能将粒子发送到 1300km 外的南达科他州莱德市的桑福德地下研究设施。容纳它的长基线中微子设施的挖掘工作在晚些时候开始，并计划在 2022 年之前启动运行。欧洲核研究组织（CERN）是大型强子对撞机的所在地，它自身配有略小的探测器，丁 2018 年 9 月上线。第二个探测器也在研发当中。

DUNE 将从费米实验室加速器的一次重大升级中受益，即质子改进计划 II（PIP-II）。PIP-II 将提供一个新的粒子加速器，其产生的质子束的功率将比以前大 60%。该装置由无电阻的超导材料制成，从而以更低的成本产生更大的功率，并且有比以往更多的中微子可以研究。DUNE 还将拥有更敏感的探测器，使用在 -185℃ 工作的液化氩。到 2026 年，该项目将全面投入使用。

费米实验室的物理学家们将继续研究中微子，尝试揭开其秘密。中微子可以在宇宙中迅速传播至很远的距离，这是因为很少有其他粒子（包括磁场中的粒子）会对其产生干扰。由于中微子难以定位，可以暴露出科学界尚不了解的自然界的某些方面，并有可能揭示宇宙由物质构成的原因。我们只是刚刚开始了解中微子的潜在奥妙，随着技术的改进和我们知识的增长，可能会不断涌出一些惊人发现。

如何制造中微子束?

在世界最高强度的中微子束的罩子下面

❶ 向装置供能

以近乎光速飞行的质子束被引到装置中。

❷ 分解

在石墨靶上，质子撞上中子和其他质子的能量产生了介子和 K 介子。

❸ 转个圈

动力是由一个圆形加速器系统产生，这是一组周长 3.3km 的圆环。

❹ 产生光束

磁性聚焦喇叭利用磁场将粒子集中到一个光束中，消除其他物质的干扰。

❺ 越来越热

强大的光束使喇叭的温度上升了 370℃，水和通风系统负责保持冷却。

❻ 衰变

在衰变管中，介子和 K 介子衰变为更小的粒子，即 μ 子，以及中微子。

❼ 完成

μ 子和中微子撞击光束吸收器，吸收器阻挡了前者，但不能阻止后者。

❽ 中微子光束

现在光束中只有中微子，为其与被探测器所接收物质的罕见干扰提供了绝佳的机会。

揭秘 DUNE

中微子从费米实验室到桑福德的地下之旅的内幕

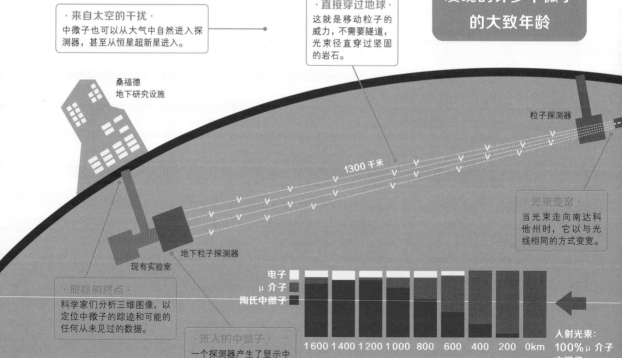

在 NOvA 实验中发现的许多中微子的大致年龄

·来自太空的干扰·
中微子也可以从大气中自然进入探测器，甚至从恒星超新星进入。

·直接穿过地球·
这就是移动粒子的威力，不需要隧道，光束径直穿过坚固的岩石。

桑福德地下研究设施

粒子探测器

1300 千米

·光束变宽·
当光束走向南达科他州时，它以与光线相同的方式变宽。

地下粒子探测器

现有实验室

·旅程的终点·
科学家们分析三维图像，以定位中微子的踪迹和可能的任何从未见过的数据。

·进入的中微子·
一个探测器产生了显示中微子痕迹的粒子读数。

电子
μ 介子
陶氏中微子

1600 1400 1200 1000 800 600 400 200 0km
探测到电子、μ 介子和陶氏中微子的概率

入射光束：
100% μ 介子中微子

微小的碰撞

当一个中微子在 NOvA 中撞上另一个粒子时会发生什么？

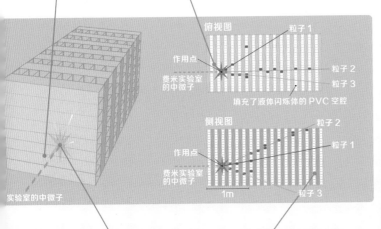

· 光束进入 ·
从粒子加速器发出的光束加速穿过地球。

· 碰撞 ·
包括中微子在内的粒子相互作用产生碰撞，并被探测器记录下来。

俯视图
粒子 1
作用点
费米实验室的中微子
粒子 2
粒子 3
填充了液体闪烁体的 PVC 空腔

侧视图
粒子 2
作用点
粒子 1
费米实验室的中微子
1m
粒子 3
实验室的中微子

· 记下数据 ·
数据由电子装置接收，然后由物理学家研究，以分析结果。

· 照亮我 ·
探测器中的闪烁体记录碰撞时会变亮。

费米实验室的一名工作人员在 NOvA 附近的探测器上工作。

明尼苏达探测器的 11000 个剖面图

这个芯片控制着一个磁控管，能产生微波。

一个中微子在各站点之间的旅行只需要 0.0027s

"DUNE" 将是美国开展的最宏大的国际实验

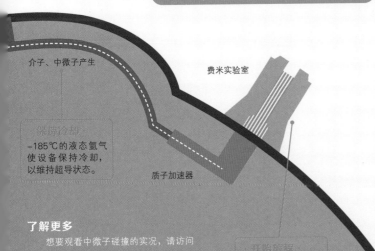

介子、中微子产生
费米实验室

· 探测冷却 ·
−185℃的液态氩气使设备保持冷却，以维持超导状态。

质子加速器

了解更多

想要观看中微子碰撞的实况，请访问 nusoft.fnal.gov/nova/public，查看由阿什河和费米实验室的探测器记录的粒子碰撞的实况，以及探测器的 360 度视频和更多其他视频和图片。

· 开始旅程 ·
费米实验室下的粒子加速器产生了一束粒子束，发射的距离为 1300km。

−185℃的液态氩，用于填充一个用来测试 DUNE 的低温恒温器。

走向"极端"的物理学

78

86

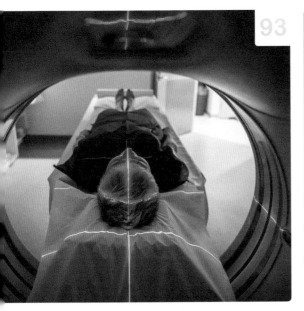

量子计算的威力比笔记本电脑强大一亿倍

未来的电脑如何改变世界？

医学研究

量子传输

高级加密

量子力学的先驱

认识一下敢于思考未知、奠定
量子技术基础的科学前辈

阿尔伯特·爱因斯坦·1905 年

爱因斯坦在解释光电效应时提出,光是以
名为光子的离散光束形式存在的。这似乎与光
的波性质相悖。

路易斯·德·布罗格利·1923 年

法国物理学家路易斯·德·布罗格利(Louis
de Broglie)在前人的发现上进行了扩展,提出
所有微小的粒子都可以表现为波,反之亦然。

欧文·薛定谔·1926 年

奥地利物理学家欧文·薛定谔(Erwin
Schrödinger)的论文将电子的运动描述为一个
波函数,这是量子力学的一个决定性时刻。

维尔纳·海森堡·1925—1927

维尔纳·海森堡(Werner Heisenberg)
与尼尔斯·玻尔(Niels Bohr)一起提出,亚原
子粒子只有在被观察时才会表现出特定的状态。

亚历山大·霍莱沃·1973

俄罗斯数学家亚历山大·霍莱沃(Alexander
Holevo)是为量子力学奠定理论基础的几位科
学家之一。

量子力学可能是一个容易让人联想到的术语,它可能意味着一个由科学精英主导的研究领域,但是量子力学(量子物理学)对于普通人来说基本上是一个谜。不过惊人的是,尽管量子力学理解起来极其困难,但总结起来却是再简单不过的。

量子力学聚焦的是原子、光子和各种亚原子粒子的表现,它与经典物理学形成对比,后者描述的是大到可以辨认的日常物体。

经典物理学和量子力学之间的差异极大。我们在周围世界看到的物体的行为方式似乎是直观的,但一旦我们研究非常小的物体,就必须抛弃直觉和常识。

分别研究时,原子、电子和光子会以一种大多数人都难以置信的方式运动。可也不能因此就说说人们无知。即使是大名鼎鼎的诺贝尔物理学奖获得者尼尔斯·玻尔也公开表示:"如果有人说他想到量子理论而不头晕,那只能说明他还没有对量子物理入门。"

我们将在下图中更详细地研究其中一些概念,但是,既然提出了这样一个惊人论断,不妨顺便举出几个看似不可能的量子行为的

"经典物理学和量子力学之间的差异极为悬殊"

量子相关概念

见识奠定量子技术基础的奇异量子效应

叠加

处于叠加状态的粒子同时处于两种状态,因此它可以同时代表二进制的 0 和 1。想象一枚旋转的硬币,你可以同时看到硬币的正面和背面。

经典物理学　　　量子物理学

正面或反面　　　正面和反面

纠缠

两个纠缠的粒子被奇怪地联系在一起,所以一个粒子的命运会影响到另一个粒子。如果你观察一个粒子,其叠加就会瞬间消失,同样的情况也会发生在其纠缠的另一方身上。

量子物理学

正面 + 正面
正面 + 反面
反面 + 正面
反面 + 反面

N 个量子位或量子比特　　　$2n$ 种可能的状态

观察

观察一个处于叠加状态的粒子会使其呈现单一状态。与环境的任何互动也会如此。粒子之间的纠缠越多,就越难维持叠加状态。

观测或干扰

无法复制

复制处于叠加状态的粒子也会导致其丧失叠加状态。因此,设计出一台量子计算机极其困难。量子通信中,量子计算机能提醒发送方有人在窃听通信内容。

数字计算

复制或窃听

量子计算

复制或窃听

· 分离光束 ·

该实验使用了分光器，这样两个光子就被传送至不同的目的地。

· 产生纠缠的光子 ·

通过发射一束激光穿过某些类型的晶体，可以产生一对纠缠的光子。

· 纠缠 ·

光子二与光子一纠缠在一起，二者因此会有一种固定的关系。处于叠加状态时，它们具有相同或相反的偏振。

· 叠加 ·

光子一处于叠加状态，这意味着它同时在水平和垂直方向上被极化。

· 远距离的行动 ·

观察一个光子会瞬间影响其纠缠的另一方，无论这两个光子相距多远。

· 对光子二的影响 ·

因为二者互相纠缠，观察光子一也会对光子二产生影响，从而固定其偏振。

理解量子纠缠

多个实验证实了被爱因斯坦称为"邪乎"（spooky）的量子效应

· 观察光子一 ·

当光子一被观察时，叠加效应就会消失，它会呈现出水平（H）或垂直（V）偏振的状态。

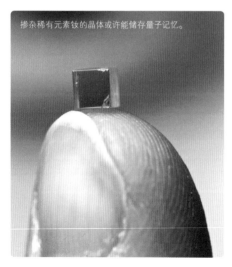

掺杂稀有元素钕的晶体或许能储存量子记忆。

瑞士日内瓦大学的一位科学家研究量子存储器时使用激光创造纠缠的光子。

操纵粒子

解锁远程传输的现象

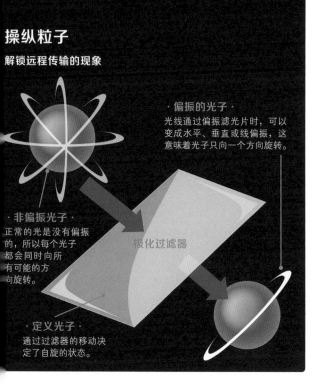

·偏振的光子·
光线通过偏振滤光片时，可以变成水平、垂直或线偏振，这意味着光子只向一个方向旋转。

·非偏振光子·
正常的光是没有偏振的，所以每个光子都会同时向所有可能的方向旋转。

极化过滤器

·定义光子·
通过过滤器的移动决定了自旋的状态。

量子传输

我们可能离传送人还有相当长的路要走，但量子技术已经可以传输单个原子和光子了。

量子传输过程是在 A 地创造两个纠缠的粒子，然后将其中一个送到 B 地。现在，利用巧妙的技术，引入第三个与粒子 A 相互作用的粒子，纠缠会导致 B 地的粒子变为第三个粒子的精准复制。现实中，粒子并没有真正移动，但结果是一样的，所以，实际上第三个粒子已经瞬间传送到了 B 的位置。

不过，与所有的量子理论一样，实践非常困难。科学家们正在竞相打破传输的距离纪录。虽然目前的最远纪录产生于 2016 年 9 月，加拿大卡尔加里和中国上海的研究人员展示了量子传送，使用更实用的光纤网络将光子传送到各自的城市，创下了激光束传输 143km 的纪录。

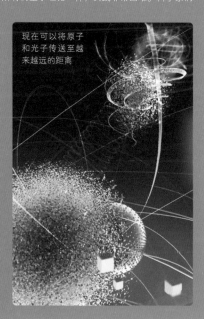

现在可以将原子和光子传送至越来越远的距离

例子。

亚原子领域发生的最奇怪的事情之一可能就是，电子或光子等可以同时处于两个地方或同时处于两种不同的状态，即所谓的叠加状态。你永远无法观察到这种奇怪的状态，因为只要你尝试观察，它们就会只在一个地方或表现为一种状态。然而，科学家们已经展开了精奇的实验，证实这种奇特的现象的确存在，尽管每当我们试图观察它时都有相反的迹象。

另一个奇怪的效应被称为"量子力学隧道"（quantum mechanical tunnelling），它指的是这样一个事实，即一个微小的物体能够直接穿过一个固体屏障而不对其造成任何损坏。因此，如果你从一侧朝金箔发射一个电子，电子有可能穿越到另一侧，而金箔仍然完好无损。

粒子可以同时出现在两个地方，而且可以穿过固体物质，这是因为这些微小物体具有二重性。曾几何时，光被认为是一种波，但后来人们发现，它也可以看作光子的粒子流。与此相反，电子曾经被认为是像行星围绕太阳运行一样围绕原子核运行的微型粒子，但后来人们发现可以将其看作波函数。

> ## "人类已经迈出了量子传输领域的第一步"

现实世界中，电子和光子各自都具有粒子和波的特性，或者说，两种理论都是正确的。所以，一个电子同时出现在两个地方的奇怪现象是电子的波的性质所造成的。

波动理论关注的是所谓的概率函数，而不是那种"电子绕核运动"的过时观点。换句话说，它描述了电子出现在空间中特定一点的概率，在电子被观察之前，其位置可以被认为是空间中的任何一处，尽管有些地方出现的概率更大。

迄今为止我们所看到的各种现象在 20 世纪初就已被发现了，这就很奇怪了。普通人理解最新发展的量子理论的可能性很小。然而，为了说明目前的量子理论多么怪异，我们可以简单地想一想多元宇宙理论，尽管该理论可以追溯到 19 世纪 60 和 70 年代。

观察一个处于叠加状态的粒子会使其之前未

知的位置或状态固定下来。在听着像科幻小说的多元宇宙理论中，一旦开始观察，宇宙就会分裂成两个或更多个平行宇宙，该粒子在每个现实版本中都处于不同的位置或状态。更重要的是，由于每秒钟都有大量这样的分裂发生，这很快就产生了数量多得难以想象的平行宇宙。随着科学家们开始研究量子计算机，这一理论最近获得了更多的信任。正如我们稍后会提到的，与今天的设备相比，如果大规模的量子计算机成为现实，其性能绝对惊人。

一些科学家据此认为，在可观测的宇宙中根本没有足够的材料能完成如此惊人数量的计算。然而，在多元宇宙理论中，这项工作被成功外包给了所有平行宇宙。

鉴于其理论基础，有些人可能会认为，量子力学是科学家们一个好玩的猜想，而绝对没有实际用处。但经验证明，大多数理论研究最终都会影响到现实世界，而且有各种迹象表明，量子领域的研究也是如此。量子力学已经产生了许多技术上的突破，并且诱人的一瞥可能就在眼前。

首先，对 21 世纪日常生活影响

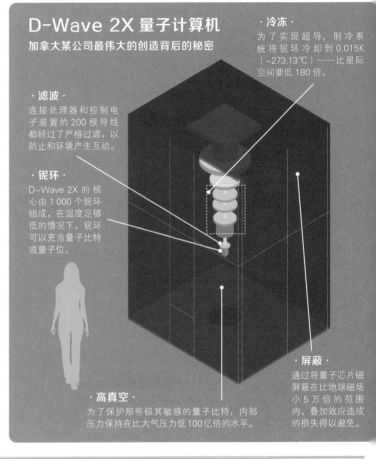

D-Wave 2X 量子计算机
加拿大某公司最伟大的创造背后的秘密

·冷冻·
为了实现超导，制冷系统将铌环冷却到 0.015K（−273.13℃）——比星际空间要低 180 倍。

·滤波·
连接处理器和控制电子装置的 200 根导线都经过了严格过滤，以防止和环境产生互动。

·铌环·
D-Wave 2X 的核心由 1 000 个铌环组成，在温度足够低的情况下，铌环可以充当量子比特或量子位。

·屏蔽·
通过将量子芯片磁屏蔽在比地球磁场小 5 万倍的范围内，叠加效应造成的损失得以避免。

·高真空·
为了保护那些极其敏感的量子比特，内部压力保持在比大气压力低 100 亿倍的水平。

① 量子退火计算机
目前唯一商业化的量子计算机是量子退火计算机。这是一个专门的架构，是为一系列优化任务的应用而设计的。

困难等级

② 模拟量子计算机
在数字计算机的计算速度足够快之前，高速科学计算是用模拟计算机进行的。同样，在通用机器出现之前，模拟量子计算机可以提供一个临时解决方案。

困难等级

③ 通用量子计算机
像今天的计算机一样，通用量子计算机能够执行所有类型的计算，但由于叠加和纠缠效应，其速度快得难以估量。

困难等级

三种类型的量子计算机
IBM 研究院确定了三种难度依次递增但功能也越来越强大的量子计算机

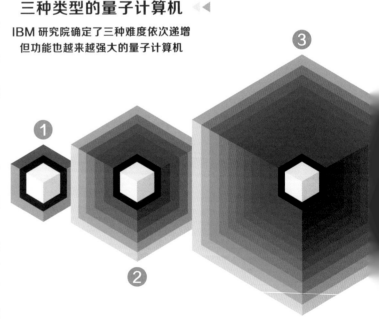

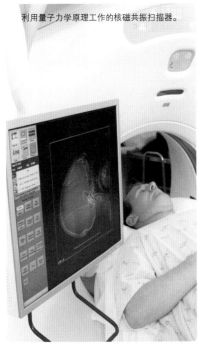
利用量子力学原理工作的核磁共振扫描器。

巨大的固态设备都依赖于量子效应。最重要的结构或许就是晶体管，它是计算机、智能手机等几乎所有电子设备的基本组成部分。另一个重要的固态设备是 LED 和密切相关的固态激光。前者通过迄今为止前所未有的能源效率水平，正在彻底改变照明，而后者则是通达全球的光纤电缆的关键，能为互联网赋能，也是 CD 和 DVD 驱动器的重要组成部分。

原子钟也依赖于量子力学，这些仪器提供了卫星导航和智能手机导航应用程序所依赖的 GPS 系统运行所需的精确计时。量子力学也是磁共振成像（MRI）机器原理的基础，使医生能够看到人体内部的情况。

当这些不同的技术被开发出来时，很少有人提到它们的"量子遗产"，但我们现在渐渐听到一些新的技术，这些技术更多的是关于它们的量子根基。更重要的是，这些即将出现的量子力学的应用前景绝对惊人。

你以为类似《星际迷航》的传送是天方夜谭？仔细想想，科学家们现在已经在量子传送方面迈出了第一步。那么一个绝对安全的密码呢？经

量子位——量子计算的秘密
这种奇特的量子效应是量子计算和其他几种量子技术的关键

·二进制算术·
传统的数字计算机在二进制算术的基础上运行，所有的数字都是一个比特序列，不是 0 就是 1。

·电流·
在普通计算机中，"0"和"1"是由电流表示的，换句话说，它们是大量电子作用的结果。

·向上和向下的箭头·
箭头是另一种表示传统计算机 0 和 1 的方式——比如向上表示 1，向下表示 0。

·叠加·
箭头指向球体圆周上的其他点代表叠加——不同程度的 1 和 0 同时存在。

·1 和 0·
与普通比特一样，指向南北极的箭头代表 1 和 0。

·量子等价物·
量子计算机中，比特被称为"量子比特（qubits）"，由单个微小粒子表示。

·测量·
读取量子比特时，其值永远是 0 或 1，具体概率取决于其回旋余地。这使得设计能够利用量子计算潜力的算法变得很棘手。

·地球仪的比喻·
一个量子比特的状态可以表示为从中心到球体圆周上某一点的箭头。

测量

70%

30%

▶▶ 透过数字看量子计算机

1 亿倍
D-Wave 2X 的速度相比普通计算机有多快

1000
实现的最大数量的纠缠量子比特

184 亿亿
一个通用的 64 量子比特的量子计算机可以同时计算的次数

2^{1000}
目前 D-Wave 2X 量子计算机可以同时搜索的解决方案的数量

2^{16} 2007 年第一台 16 量子比特的 D-Wave 量子计算机可以同时进行的搜索次数

100000
一台实用的通用量子计算机所需的量子比特数量

从改善空中交通控制系统到创造更好的语音识别软件，量子计算应用广泛。

验告诉我们，无论多么复杂的密码，只要有一台足够强大的计算机，就可以破解加密信息。量子密码则不同，它不是一种复杂到极致、需要地球上所有的计算机花上好几年才能破解的密码。根据量子力学定律，无论投入多少算力，这种加密方法都坚不可摧。由此我们就有了量子计算机和其带来的无限可能。

不过，目前已经有一家公司在销售一种相当专业的量子计算机，而且仍在继续对通用量子计算机（相当于今天的个人电脑）进行研究。如果有朝一日这些能够实现，它们将比现在的计算机更快，甚至每隔几年运算速度就翻一倍。由于叠加的奇怪量子效应和同样奇怪的纠缠量子效应，真正的通用量子计算机有望实现几乎无限强大的计算性能。

通过同时处理数百万乃至数十亿种状态，通用量子计算机将达到大规模并行处理的极致效果，同时进行多种操作。

一般认为，20 世纪是电子时代。短短 52 年的时间里，第一台电子设备，即真空管或阀门，被发明出来，它先是被晶体管取代，然后被集成电路取代。又过了 13 年，第一台微处理器才得以问世。

著名量子物理学家雷纳·布拉特（Rainer Blatt）教授将 20 世纪的技术发展描述为"第一次量子革命"是有一定道理的。毕竟，支撑当今社会的许多进步都源于对量子力学的认识，特别是对波粒二象性的理解。布拉特教授认为，人类现在处于第二次量子革命的黎明，这种革命将由"量子纠缠"这种奇怪的效应所推动。

布拉特教授认为："20 世纪 60 年代初，激光还被视为解决未知问题的方法，而在 50 多年后的今天，激光已经成为我们生活中不可缺少的一部分。我期待量子技术也能沿着类似路径发展。"

量子密码学

如何发送一个绝对加密的密码？

只要是用密钥加密的信息都是不可破解的。量子加密是为了将密钥从发送者（爱丽丝）传送到预定的接收者（夏娃），而同时提醒他们注意第三方（鲍勃）的任何拦截。

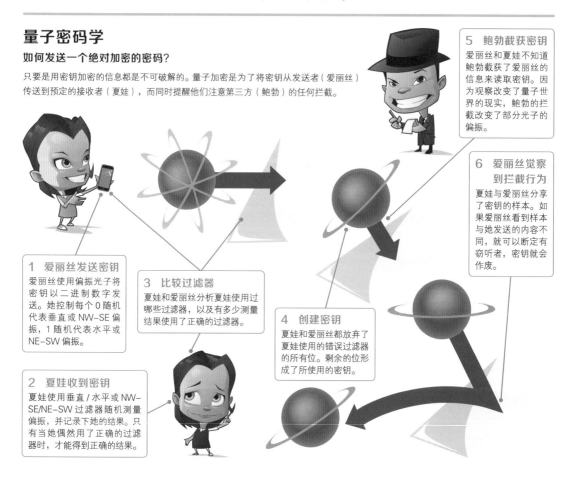

5 鲍勃截获密钥
爱丽丝和夏娃不知道鲍勃截获了爱丽丝的信息来读取密钥。因为观察改变了量子世界的现实，鲍勃的拦截改变了部分光子的偏振。

6 爱丽丝觉察到拦截行为
夏娃与爱丽丝分享了密钥的样本。如果爱丽丝看到样本与她发送的内容不同，就可以断定有窃听者，密钥就会作废。

1 爱丽丝发送密钥
爱丽丝使用偏振光子将密钥以二进制数字发送。她控制每个 0 随机代表垂直或 NW–SE 偏振，1 随机代表水平或 NE–SW 偏振。

3 比较过滤器
夏娃和爱丽丝分析夏娃使用过哪些过滤器，以及有多少测量结果使用了正确的过滤器。

4 创建密钥
夏娃和爱丽丝都放弃了夏娃使用的错误过滤器的所有位。剩余的位形成了所使用的密钥。

2 夏娃收到密钥
夏娃使用垂直/水平或 NW–SE/NE–SW 过滤器随机测量偏振，并记录下她的结果。只有当她偶然用了正确的过滤器时，才能得到正确的结果。

量子力学应用

未来，可能很多领域都会使用这一飞速发展的技术

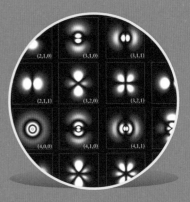

图像搜索

人类在看一张照片时，很容易就能识别出熟悉的物体，如树木、湖泊和猫。但教会计算机做同样的事情是一项非常困难的编程任务，因为很难定义它的特点。但像这样的机器学习任务是量子计算机的自然应用。为让在线图片搜索更有效率，谷歌已经在图像分析方面投入了相当大的研究资源。这点可以通过教导量子计算机识别照片中的汽车来表明，结果比普通计算机完成这项任务要快得多。

天文探索

美国航空航天局等机构共同使用了世界上首批量子计算机，因此，天文学可能会成为这种新计算模式的主要受益者之一，这一点并不奇怪。美国航空航天局已经把目光投向了量子计算协助太空探索的几种方式，但其中很多都可以概括为在海量数据中"大海捞针"。一个典型例子就是寻找宜居的系外行星：在距离遥远的恒星理想距离的轨道上的类地行星可能正好能供养生命。

量子模拟

量子模拟好像是一个循环论证，但是，正如现在对量子力学的理解促使我们发明了量子计算机一样，科学家们现在希望这些量子计算机能够通过模拟量子系统来帮助更好地理解量子系统。今天的计算机能够对量子效应进行模拟，但由于量子系统的复杂性，模拟速度慢得令人难以置信。因此，基于神奇量子力学世界的计算机更有能力模拟量子系统，从而帮助科学家获得新的见解。

优化放射疗法

D-Wave 系统公司称，他们的 D-Wave 2X 计算机与传统计算机配合使用，将有助于优化放射治疗。这种治疗方法旨在控制几束射线并瞄准肿瘤交界处，同时尽量减少对身体其他部位的有害照射。优化过程涉及成千上万个变量。为了实现这一目标，将使用传统计算机进行大量的可能性模拟，而量子退火计算机将确定最可能的模拟场景。

"加密信息对通用量了计算机来说一览无余"

密码破译

一台通用量子计算机能轻松地对大量数据进行因子运算，这对传统计算机来说是一项极其耗时的工作。今天的密码技术依赖于"因式分解很难"这一事实，可一旦通用量子计算机成为现实，加密信息将一览无余。这样或许对战争与治安防控很有意义，例如在打击恐怖活动和有组织犯罪方面，但同时也会对网络犯罪推波助澜。可以说，同样的量子加密有朝一日可能会取代当前的加密技术。

极端温度

为什么偏离正常的温度范围会
使材料表现出奇怪的性质？

你可能很惊讶，尽管我们日常生活中对温度非常熟悉，但温度的概念又如此令人费解。冬天的寒冷和夏天的温暖阳光可能是最容易想象的，但是我们其实生活在所有可能温度的狭窄范围内。在日常温度之外的范围是热和冷的极端，会出现各种怪事。如果温度极低，我们周围的空气就会变成固体，一切物质都变成巨大的砖块。如果温度极高，原子不再结合在一起，而产生奇怪的物质状态，人类当然也无法存活。

甚至温度本身也是一个奇怪的概念。我们用这个词来谈论能量如何影响物质，即构成宇宙的物理存在。当能量流入物质时，温度上升，而能量消散时，温度下降。在我们的日常生活中，一个物体的温度上升时，里面的原子和分子会运动得更频繁。随着温度的降低，物体中的原子和分子运动减慢，变得更"安静"。这一点可以通过将食用色素滴入水中来证明。水温越高，着色剂的扩散速度就越快，因为水分子在各个方向运动，对着色剂的干扰更大。

科学家们非常关心这个问题，他们已经发明了几个温度标尺来衡量这种属性。两种常见的标尺将温度分为摄氏度（℃）或开尔文（K）。这些温度单位的间隔是相似的，1℃和2℃之间的差异与1K和2K之间的差异相同。水分子慢到足以从液体变成固体的点是0℃，它相当于273.15K。因为开尔文标度的起点应该是任何东西都能达到的最低温度——零开尔文，也就是−273.15℃。这种条件下，所有的原子都是完全静止的，但是物理学很奇怪，把这种认识搞乱了。不少科学家认为，没有任何物体可以达到零开尔文，但也有人认为，开尔文尺度上的负温度都有可能。不管怎么说，一个更冷的世界在那之前就已经非常不同了。我们呼吸的大部分空气是由氮气组成的，氮气会在77K时变成液体，在63K时变成固体。

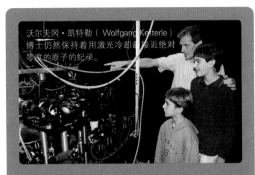

沃尔夫冈·凯特勒（Wolfgang Ketterle）博士仍然保持着用激光冷却最接近绝对零度的原子的纪录。

绝不可能达到的零度

根据传统科学，绝对零度是可能达到的最低温度。当原子和分子接近绝对零度时，它们应该完全停止运动。但科学家们无法完全实现物质的这种零能态状态。这是因为在这个极端的温度下，物理性质就会变得非常奇怪。支配电子运动的量子物理学定律认为，必须始终有一些能量来使分子移动。同样怪异的原理导致科学家们提出，开尔文尺度上的负温度或许是可能的。这个想法存在争议。这样的开尔文负温度从未被测量过，而且科学家们对其是否真正能够存在争论不休。然而，研究人员已经表明，冷却到接近绝对零度的分子可以发生化学反应。根据传统科学，这是不可能的，但奇怪的量子物理效应下它发生了。

在另一个方向，我们很容易想象，加热物质会使其原子和分子运动得越来越快。但是在数千开尔文的温度下，就像你在恒星表面发现的那样，热量会使分子分裂成构成分子的原子。如果继续提高热量，原子本身就会分裂，导致电离的等离子体。科学家们认为，理论上还可以达到更高温度。原则上说，在20亿开尔文甚至更高的温度下，每个原子核心的原子核都会崩解。温度上限确实非常高，是由宇宙耗尽能量或完全改变其性质所造成的。如此炎热的景象确实难以想象。

热还是冷 改变物质的温度会影响其能量，推动其在不同状态之间的相变

①电离和重新组合
等离子体在地球上很罕见，却能在恒星上自然形成。在那里，高温将电子从原子中剥离，使其电离。在较低温度下，电子和原子的原子核重新结合成气体。

②升华和凝华
像固体二氧化碳或干冰这样的材料，不经过液体形式就升华成气体。反之，从气体直接变成固体的过程叫作凝华。

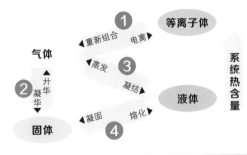

③蒸发和凝结
从水壶中升起的蒸汽源于液态水的汽化。液化是相反过程的相变，例如水蒸气会在水壶旁边较冷的瓷砖上形成水滴。

④熔化和凝固
随着物质的熔化和冻结，从固态到液态再到固态的变化可能是人们最熟悉的相变。想一想冰在冰箱里融化后又被冻成固体。

给宇宙星温度

极端温度能使普通材料表现出奇特性质

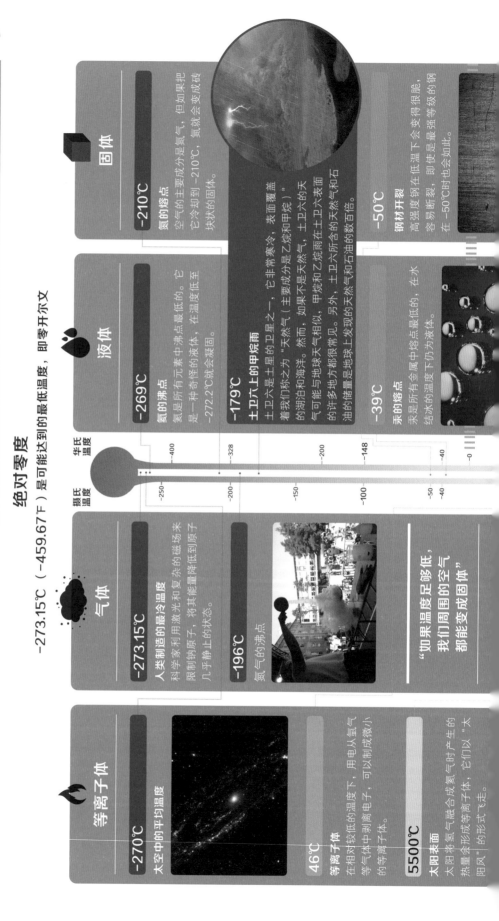

绝对零度

-273.15℃（-459.67℉）是可能达到的最低温度，即零开尔文

固体

-210℃
氮的熔点

空气的主要成分是氮气，但如果把它冷却到-210℃，氮就会变成成块状的固体。

液体

-269℃
氦的沸点

氦是所有元素中沸点最低的。它是一种奇怪而特别的液体，在温度低至-272.2℃时就会凝固。

-179℃
土卫六上的甲烷雨

土卫六是土星的卫星之一，它非常寒冷，表面覆盖着我们称之为"天然气（主要成分是乙烷和甲烷）"的湖泊和海洋。然而，如果不是天然气，土卫六的天气可能与地球天气相似。甲烷和乙烷雨在土卫六表面的许多地方都很常见。另外，土卫六所含的天然气和石油的储量是地球上发现的天然气和石油的数百倍。

-50℃
钢材开裂

高强度钢在低温下会变得很脆，容易断裂，即使是最强等级的钢在-50℃时也会如此。

-39℃
汞的熔点

汞是所有金属中熔点最低的，在水结冰的温度下仍为液体。

气体

-273.15℃
人类制造的最冷温度

科学家利用激光和复杂的磁场来限制钠原子，将其能量降低到原子几乎静止的状态。

-196℃
氮气的沸点

"如果温度足够低，
我们周围的空气
都能变成固体"

等离子体

-270℃
太空中的平均温度

在相对较低的温度下，用电从氢气中剥离电子，可以制成微小的等离子体。

46℃
等离子体

气体熔合成氢气时产生的热量会形成等离子体，它们以"太阳风"的形式飞走。

5500℃
太阳表面

太阳将氢气融合成氢气时产生的

摄氏温度
华氏温度

-400
-250
-328
-200
-200
-150
-148
-100
-50
-40
-40
-0

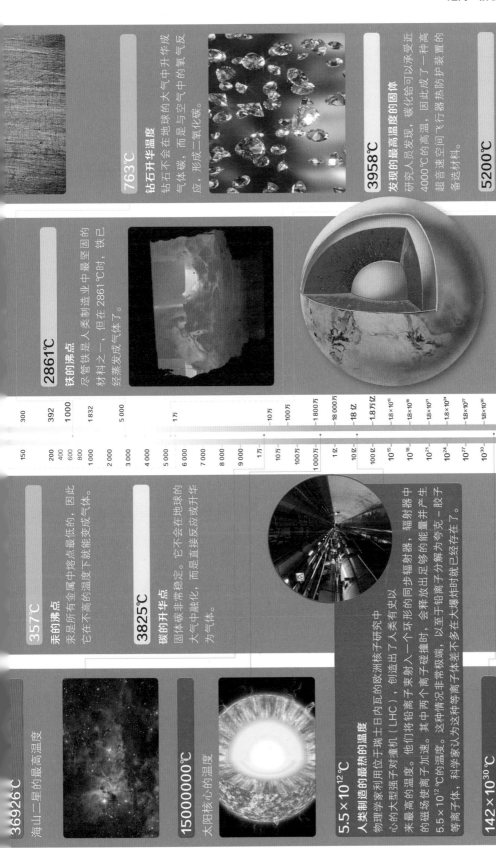

763℃ 钻石升华温度

钻石不会在地球的大气中升华成气体，而是与空气中的氧气反应，形成二氧化碳。

3958℃ 发现的最高温度的固体

研究人员发现，碳化钽可以承受近4000℃的高温，因此铪化成了一种超音速飞行器热防护装置的备选材料。

5200℃ 地球的核心

我们的星球的中心是一个高压下的热铁球，核心形成了固态的等离子体。

2861℃ 铁的沸点

尽管铁是人类制造业中最坚固的材料之一，但在2861℃时，铁已经蒸发成气体了。

357℃ 汞的沸点

汞是所有金属中熔点最低的，因此它在不高的温度下就能变成气体。

3825℃ 碳的升华点

固体碳非常稳定。它不会在地球的大气中融化，而是直接反应或升华为气体。

36926℃

海山二星的最高温度

15000000℃

太阳核心的温度

$5.5×10^{12}$℃ 人类制造的最热的温度

物理学家利用位于瑞士日内瓦的欧洲核子研究中心的大型强子对撞机（LHC），创造出了人类有史以来最高的温度。他们将铅离子束射入一个环形的同步辐射器，辐射器中的磁场使离子加速。其中两个离子束对撞时，会释放出足够的能量并产生等离子体。这种情况非常极端，以至于铅离子多分解为夸克－胶子等离子体。$5.5×10^{12}$℃的温度，科学家认为这种等离子体差不多在大爆炸时就已存在了。

$142×10^{30}$℃ 普朗克温度

这可能是一个温度上限。在这个温度下，粒子能量可能导致三种基本力量统一为一种。

普朗克温度

142 000 000 000 000 000 000 000 000 000 000 000℃
（255 000 000 000 000 000 000 000 000 000 000 000℉）

理论上可达到的最高物质温度

致命辐射

从牙科 X 射线到核反应堆：你需要知道关于电离辐射用途和危害的所有信息

对许多人来说，"辐射"这个词语本身就可以敲响警钟。你只要了解广岛和长崎原子弹爆炸导致的可怕死亡或切尔诺贝利核灾难的破坏性环境影响，就不难理解原因了。类似的事件表明，有些辐射极其危险。不过，辐射其实一直都在我们身边——而且大部分是完全无害的，不少辐射还是有益的。

从最广泛的意义上来说，辐射是指从一个来源向外传播或发射的任何形式的发射能量。它可以表现为快速移动的粒子流的形式，如那些由放射性材料发出的粒子，或当电子在原子内从一个能量级跳到另一个能量级时产生的电磁（EM）波。我们从太阳得到的热量和光亮是以电磁辐射的形式出现的，如果没有这些特殊形式的辐射，地球上的生命不可能存在。

其他类型的电磁辐射可以通过技术手段产生，如用于通信的无线电、用于烹饪的微波或用于医学成像的 X 射线。虽然这些辐射都是以不同的方式产生的，但本质上都是同一类型的波，以光速从 *A* 地传到 *B* 地。区别在于波长和频率不同。从低频率、长波长的无线电波到高频率、短波长的 X 射线和 γ 射线，每一种电磁辐射都有一个光谱。

10000000

微波与 X 射线的波长之比

如果能量足够高，任何类型的电磁辐射都可能很危险。比如，你会在微波炉和激光器上看到危险警告——激光器还只是一束强光。但有一个微妙之处是电磁波谱的高频端比低频端危险得多。这是由于电磁辐射从根本上是两极的，具有所谓的"波粒二象性"。尽管它在从源头到终点的过程中和波一样，但当它到达终点时，会把能量像封装的离散粒子（光子）一样传递出去。频率越高，每个光子携带的能量就越多。如果总能量相同的微波和 X 射线各有一束，微波的能量将被分散在数百万倍的光子上。

离散光子的意义在于当其击中接收端的原子时产生的影响。如果像在微波束中那样有很多低能量的光子，只会导致原子振动更多一些，从而造成温度升高。红外线辐射也是如此，它在光谱中位于微波和可见光之间，是太阳使地球升温的主要方式。你能感觉到温暖的阳光照在脸上，是因为此时光子能让原子振动得更剧烈。

在可见光谱的另一边则不同，我们在其中发现了更高频率的紫外线（UV）辐射。紫外线光子携带足够的能量，到达原子结构时会使得结构内部发生变化，将电子提升到更高的能量水平并改变分子键。这可能会导致生物体的 DNA 损伤，这就是我们应该在紫外线强的时候涂抹防晒霜的原因。

随着在光谱上的更进一步，会达到一个临界点，即单个光子具有更大的能量，不是简单地将原子内的电子提升到更高的水平，而是直接将其

汉斯·盖革（Hans Geiger）（左）和命名了α、β和γ射线的欧内斯特·卢瑟福（Ernest Rutherford）。

400×
切尔诺贝利事故的放射性超过了广岛原子弹的爆炸当量

完全撞出原子。由于电子带有负电荷，这使原子变成带正电的离子。这个过程被称为电离。能够实现这一目的的辐射被称为电离辐射。将辐射与危险联系起来时，人们真正想到的是电离辐射。

在电磁波谱中频率高于紫外线的X射线是电离辐射的一个例子。它可以导致DNA损伤和其他健康问题，前提是接收的量足够大。在牙科X射线或医院扫描中可能接收到的小剂量辐射情况下，无须担心。事实上，X射线最广为人知的特性——能轻而易举地穿过软组织，给医学界带来了巨大的福音。

1895年11月8日，物理学家威廉·伦琴（Wilhelm Röntgen）首次发现X射线时，起了这个名字，因为他不知道它们是什么，而"X"恰好代表未知。另一方面，X射线很快就大放异彩。

第一次将X射线用于医学诊断的记录是在1896年1月11日——被发现仅仅9周之后。这是一项全新的科学发现转化为实际应用的最短时间。

像微波、可见光和紫外线一样，X射线也是以电子的形式产生的。但是到达电磁波谱的高频端时，光子的能量巨大，只能由原子核内的过程产生。这就是可怕的γ射线，它是核弹的产物之一。但并非所有的γ射线都起源于巨大爆炸。在一个更低的水平上，γ射线是由某些具有不稳定原子核的元素在辐射的过程中自发发出的。一些放射性元素只能通过人工产生，比如在核爆炸或核反应堆中，但其他元素则是自然产生的。这些天然的放射性来源中，铀是大家最耳熟能详的，尽管数量相对较少，却一直存在于我们身边。

古典学学者都知道，γ是希腊字母表中继α和β之后的第三个字母。那么，α和β辐射是怎么形成的呢？它们也是由放射性物质发出的电离辐射的一种形式，但不是电磁波谱的一部分。它们不是光子，而是由物质粒子流组成：α射线中的氦核和β射线中的电子。在放射性衰变中发生的情况是，一个不稳定的原子核自发地转变为一个更稳定的形式，在此过程中喷射出一个光子或高速移动的粒子。

19世纪末和20世纪初，α射线、β射线和γ射线相继被发现，并由"核物理学之父"欧内斯特·卢瑟福（Ernest Rutherford）命名。如果你对物理学感兴趣，可能已经听说过他的大名，但即使没听过，你也应该熟悉他在曼彻斯特大学的一个助手汉斯·盖革（Hans Geiger）的名字。在卢瑟福的帮助下，盖革设计了第一个用于计算放射性样品所发射的粒子的小工具。盖革计数器至今仍在使用，虽然还有一系列更现代化的测量辐射水平的设备，但盖革计数器标志性的咔嚓声已通过电影和电视变得如此熟悉，以至于这个术

这是1946年至1958年在比基尼环礁进行的臭名昭著的几十次原子武器试验之一。一支军舰队模型被爆炸所淹没。

1945年到1996年之间的核试验
20世纪各国开展的核试验增加了背景辐射水平

中国	英国	法国	苏联	美国
45	45	210	715	1 032

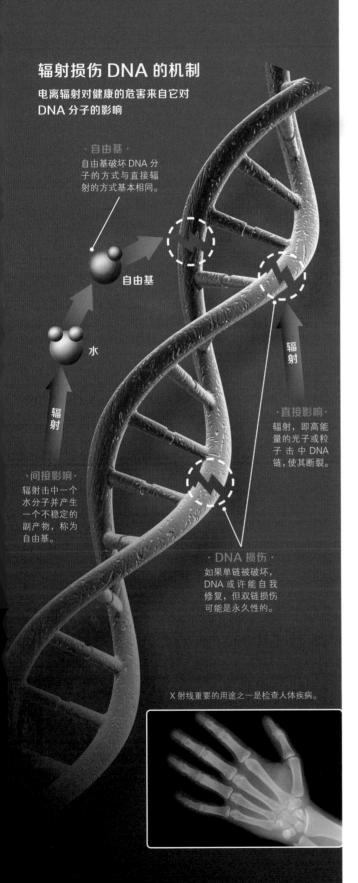

辐射损伤 DNA 的机制

电离辐射对健康的危害来自它对 DNA 分子的影响

·自由基·
自由基破坏 DNA 分子的方式与直接辐射的方式基本相同。

自由基

水

辐射

·间接影响·
辐射击中一个水分子并产生一个不稳定的副产物,称为自由基。

·直接影响·
辐射,即高能量的光子或粒子击中 DNA 链,使其断裂。

辐射

·DNA 损伤·
如果单链被破坏,DNA 或许能自我修复,但双链损伤可能是永久性的。

X 射线重要的用途之一是检查人体疾病。

语常常被宽泛地用于所有同类设备。

如果盖革计数器在几个世纪前就存在,它仍然会偶尔发出咔嚓声。这是因为天然来源的电离辐射总是有一个低水平的本底辐射(由于自然因素而存在于环境中的电离辐射)。花岗岩等一些类型的岩石含有微量的铀和其他放射性元素。此外,地球也在不断地受到来自宇宙辐射的轰击。这些辐射既来自太阳,也来自宇宙中更遥远的地方,包括高速移动的质子和其他高能粒子,以及 X 射线和 γ 射线。好在到达地球表面的太空辐射数量太小,对地球上的生命不构成任何威胁。

1895
威廉·伦琴发现了
X 射线形式的电离辐射

自 20 世纪下半叶以来,本底辐射水平因 20 世纪 40 年代至 20 世纪 90 年代进行的许多核武器试验而不断增高。爆炸产生的直接辐射早已消失,但爆炸也产生了放射性物质的"尘埃",至今仍有无法消除的影响。核电站重大事故产生的放射性尘埃也是如此,如 1986 年的切尔诺贝利核泄漏事故和 2011 年的福岛核泄漏事故。这些臭名昭著的事件提高了许多地区的本底辐射水平。

鉴于核电在减少全球碳排放方面的巨大潜力,类似的事故对环境造成如此大的损害实在可叹。但事实是,切尔诺贝利核泄漏事故和福岛核泄漏事故都是人为失误造成的。地震和海啸虽然加剧了福岛核电站泄漏的程度,但都并非罪魁祸首。如果一个核电站设计得万无一失而且运行中严格执行安全操作,根本不可能向环境泄漏任何辐射。

一百万
要做这么多次牙科 X 射线
检查才会达到致命的辐射剂量

辐射屏蔽

部分类型的电离辐射更容易被阻挡

· 伽马（γ）射线 ·

放射性物质发出的第三种类型的辐射很难阻挡，因为其由 EM 波而非粒子组成。可即使如此，γ 射线也能被几厘米厚的铅板阻挡。

· 中子辐射 ·

核反应堆产生的高速中子是最难阻挡的辐射类型。铅等重原子不如氢等轻原子那样能有效阻挡辐射，所以反应堆外侧一般要覆盖几米厚的富氢水泥或水。

· 阿尔法（α）粒子 ·

放射性材料发出的两种辐射中，阿尔法粒子最容易被阻挡，只需一张薄薄的纸就能做到。当然，用你的手掌理论上也行。

阿尔法射线 α
电离 ☢

贝塔射线 β
电离 ☢

γ 射线 γ

埃克斯光 X
电离 ☢

中子射线 n
电离 ☢☢☢

纸张　　　薄铝　　　厚铅　　　水或混凝土

· 贝塔（β）粒子 ·

贝塔粒子更轻，运动速度更快，所以有着更强的穿透力。它能轻松穿透纸张，不过仍会被几毫米厚的铝片阻挡。

电磁波谱

电磁波谱与许多现象和科技都有关系

· 微波 ·

微波一般会与微波炉联系在一起，这些频率（对应几厘米的波长）的波也被应用于移动电话和无线网络等通信系统中。在这个层面如果接触过量微波，会导致身体损伤。

非电离辐射　　　　　　　　　　　　　　　　　　　　　　电离辐射

极低　非常低　低　　无线电　微波　红外线　可见光　紫外线　X 射线　γ射线

频率（HZ）

10　10^2　10^3　10^4　10^5　10^6　10^7　10^8　10^9　10^{10}　10^{11}　10^{12}　10^{13}　10^{14}　10^{15}　10^{16}　10^{17}　10^{18}　10^{19}　10^{20}

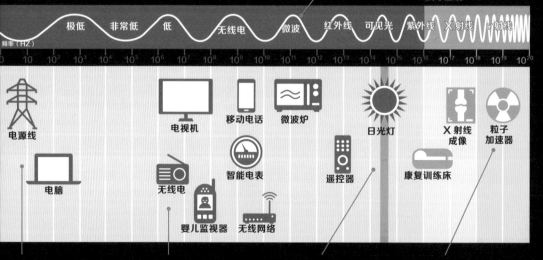

电源线

电脑

电视机

移动电话

微波炉

无线电

智能电表

婴儿监视器

无线网络

遥控器

日光灯

康复训练床

X 射线成像

粒子加速器

· 极低频率 ·

这些波的频率太低，只能有几赫兹的带宽或信息承载能力，没有什么实际用途。尽管如此，它们可以穿透水，所以在与潜艇通信时很有用。闪电等自然现象也会产生极低频率的波。

· 无线电频率 ·

低频端的无线电频率用于调幅无线电，带宽仍然相对较小，所以音频质量比高频率的调频频段要差。无线电频率的高频端用于电视广播。

· 红外线、可见光和紫外线 ·

这是电磁波谱中最常见的部分，包括我们从太阳接收的大部分辐射。我们感觉到红外线是热的，眼睛利用可见光来观察，而过度暴露在紫外线中是有害的，紫外线也是我们会被晒黑的原因。

· 电离辐射 ·

电磁辐射的潜在危险在这里凸显出来，因为光子携带足够的能量使原子电离。这种辐射的危险性不大，而且无论是医院扫描仪的 X 射线还是核反应堆的 γ 射线，都是可控的。

日常生活中的辐射

并非所有的剂量都有致命危害，以下是我们日常生活中会经历的一些辐射

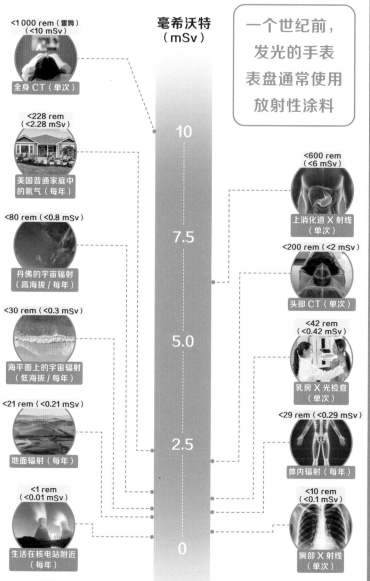

毫希沃特 （mSv）

<1 000 rem（雷姆） （<10 mSv）
全身 CT（单次）

<228 rem （<2.28 mSv）
美国普通家庭中的氡气（每年）

<80 rem（<0.8 mSv）
丹佛的宇宙辐射 （高海拔 / 每年）

<30 rem（<0.3 mSv）
海平面上的宇宙辐射 （低海拔 / 每年）

<21 rem（<0.21 mSv）
地面辐射（每年）

<1 rem （<0.01 mSv）
生活在核电站附近 （每年）

10

7.5

5.0

2.5

0

一个世纪前，发光的手表表盘通常使用放射性涂料

<600 rem （<6 mSv）
上消化道 X 射线 （单次）

<200 rem（<2 mSv）
头部 CT（单次）

<42 rem （<0.42 mSv）
乳房 X 光检查 （单次）

<29 rem（<0.29 mSv）
体内辐射（每年）

<10 rem （<0.1 mSv）
胸部 X 射线 （单次）

在强大的发射器旁边的射频辐射也很危险。

1915 年拍摄的一张早期照片显示了云室中 α 粒子的轨迹。

α 和 β 辐射

与本质是电磁波的 γ 射线不同，放射性物质发出的另外两种辐射由不稳定的原子核抛出的粒子组成。原子核是一个由带正电的质子和电中性的中子组成的密集团块。α 粒子由两个中子和两个质子组成，使其拥有相对较重的质量并带有净正电荷。β 粒子是一个高速运动的电子，要轻得多，带有负电荷。电子通常存在于原子的外部，即原子核之外，但 β 粒子是由原子核内部的反应产生的。

用放射性检测仪在切尔诺贝利灾难现场检查辐射水平。

测量辐射

从健康和安全的角度来看，知道环境中的电离辐射量非常重要。最常用的测量方法是利用盖革计数器（Geiger counter），原理很简单，就是计算它接触到的电离粒子的数量。但用盖革计数器不是最佳方法，因为它不区分高能量和低能量粒子。一个更精细的替代方法是电子剂量计，以希沃特为单位测量从电离辐射中获得的累积能量，一个致命的剂量约为 8Sv（西弗）。作为比较，一个牙科 X 射线给你带来大约五百万分之一 Sv 的辐射量，而你一般会在一天中从自然辐射源中受到两倍的辐射。

太空中的辐射

虽然电磁辐射以直线传播，但带电粒子并不总是如此，它们可以被磁力偏转。这在地球上形成了一个颇受欢迎的效果（极光），因为地磁场为我们屏蔽了从太阳不断涌出的高能质子和电子。但是，并不是所有的辐射都被无害地传回了太空，有一部分其实被困在了地球周围甜甜圈状的环中。这些环被称为"范艾伦辐射带"，它们起初远远高于国际空间站的高度，也确实对宇航员在前往更遥远的目的地途中穿过它们构成了潜在的危险。好在一个高速前进的航天器只会在带内停留一个小时左右。在阿波罗宇航员的案例中，美国航空航天局估计他们在通过辐射带时受到了 0.16Sv 的辐射。这是一个相对较高的剂量，但仍然只是致命水平的五十分之一。

一座水下核电站的核心笼罩在切伦科夫辐射中。

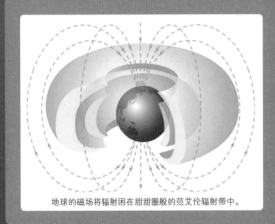

地球的磁场将辐射困在甜甜圈般的范艾伦辐射带中。

诡异的蓝色光

虽然肉眼无法看到电离辐射，但偶尔能看到它对周围物质的影响。老式的放射性涂料具有轻微的放射性，能刺激色彩分子反射光线，所以会发光。更引人注目的是，水冷反应堆会发出一种叫作切伦科夫辐射的蓝色光。这种光只是普通的光，并不危险，但它是由高速的 β 粒子引起的。水具有保护和冷却的双重功能，这些粒子如果不被水吸收，就会造成放射性危害。

β 粒子的速度接近于光速，但反常的是，光本身并不会产生切伦科夫辐射。这是因为当光穿过水时，速度会减慢到正常速度的四分之三，并因此产生一个冲击波——就像飞机以超过音速的速度飞行所引起的音爆。而这就是我们所看到的独特的切伦科夫辐射。

盖革计数器的工作原理

测量电离辐射的最古老方法也利用了完全相同的特性

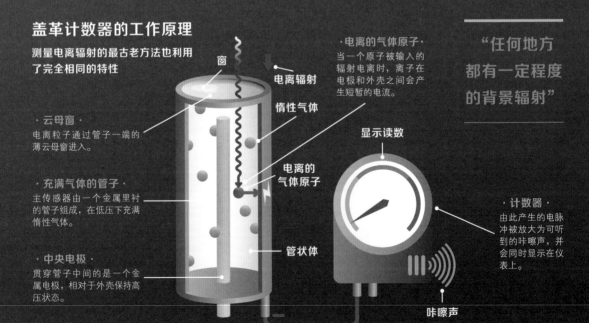

·电离的气体原子·
当一个原子被输入的辐射电离时，离子在电极和外壳之间会产生短暂的电流。

电离辐射

惰性气体

·云母窗·
电离粒子通过管子一端的薄云母窗进入。

窗

显示读数

·充满气体的管子·
主传感器由一个金属里衬的管子组成，在低压下充满惰性气体。

电离的气体原子

·中央电极·
贯穿管子中间的是一个金属电极，相对于外壳保持高压状态。

管状体

·计数器·
由此产生的电脉冲被放大为可听到的咔嚓声，并会同时显示在仪表上。

咔嚓声

> "任何地方都有一定程度的背景辐射"

水中含有氢原子，因而阻挡辐射的效果很好。
图中是位于爱达荷州的高级试验反应堆。反应堆
不在水中，由此产生了切伦科夫辐射的蓝色光。

隐藏的宇宙

暗物质和暗能量占据了宇宙的 95%，但我们却看不到它们。这种奇怪的东西究竟是什么？

随着 20 世纪的望远镜变得越来越强大，宇宙的真正规模渐渐显现出来。天文学家发现，有数十亿个像我们自己的星系散布在一个巨大的、不断膨胀的宇宙中。与此同时，理论宇宙学也取得了进展。理论宇宙学源于爱因斯坦的广义相对论，精确地显示了物体在重力作用下的运动情况。当观测和理论的发展结合起来时，研究人员得出了一个惊人的结论。这点到了 20 世纪末更为明显，即这些数十亿的可见星系只是宇宙万物中的一小部分。

宇宙中隐藏的 95% 的物质被称为暗物质和暗能量，但这是两种区别极大的东西。在我们对它们"一无所知"的角度上，"黑暗"这个词恰如其分——我们无法直接观察它们，也不知道它们究竟是什么。但是把它们想象成是黑暗的颜色具有误导性。宇宙尘埃就是如此，如果它和我们之间有一个部分重叠的明亮物体，我们就可以很容易地看到它，但是暗物质和暗能量是完全透明的。所有波长的光以及所有其他物质，都会简单地穿过暗物质和暗能量，好像它们根本不存在一样。

暗物质是先一步被发现的，而且基础原理更易理解，不涉及相对论，只用到了基本的牛顿重力理论。当一个星系（或星系团中的几个星系）中有一大群恒星，尽管内部会发生各种复杂的物理变化，引力却是唯一决定其运动的因素。就好比一艘航天器如果运动得足够快，就能达到地球轨道的"逃逸速度"一样。恒星在飞出切线之前，也有一个最大的速度，该速度由星系中引力物质的总量决定。事实证明，如果可见物质是引力产生的唯一来源，那大多数星系外围的恒星移动得

一个散布着蓝色光弧的密集星系团，是更遥远的、具有引力透镜效应的星系。

太快了。引用暗物质的概念是解释观察结果的最简单方法，它能解释缺失的引力，但却无法通过任何方式检测出来。

无论是在我们自己的星系，还是在其他邻近的星系中，天文学家都能找到暗物质存在的证据。相比之下，暗能量只有在我们将更广阔的宇宙视为一个整体时才明显。一个世纪以来，我们已经知道，自大爆炸以来，宇宙一直在膨胀。按照常理，我们认为这种膨胀会随着时间的推移逐渐变慢，最终宇宙中所有物质的综合引力"拉回来"。但是在 20 世纪 90 年代，天文学家发现事实恰恰相反：膨胀实际上在加速，而不是放缓。有某种物质在抵消引力的作用，把星系越推越远。这种物质目前还没有人能够准确证明它的性质，只是暂时被命名为"暗能量"。

图上表明了暗能量和物质的相对比例，后者被进一步分成普通物质和暗物质。

宇宙的组成

通过对恒星和星系运动的观察，天文学家知道宇宙中的暗物质应该是普通可见物质的五倍左右。不过，将暗能量添加到图片中就有些困难了。暗能量不像暗物质那样由物质粒子组成，所以我们不能简单地将其贡献定性为每立方米多少千克。不过根据爱因斯坦的相对论，我们知道能量可以等同于质量，而宇宙学的观察使我们能够以一种直接与其他两种物质相比较的方式计算出暗能量的数量。根据美国航空航天局的最新估计，结果是，宇宙中有 68% 的暗能量，27% 的暗物质，仅有 5% 的成分是普通物质。

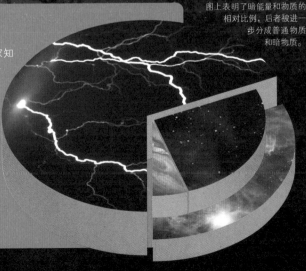

物理的奥秘

暗物质和暗能量的一个共同点是缺乏存在的直接证据。科学家认为二者是存在的，因为只有这样，观测和理论才能吻合。但是理论和观测都有可能是错误的，毕竟暗物质或暗能量对我们没有实际价值。但是二者存在的间接证据一直在增加，所以大多数天文学家相信它们会继续存在。

暗物质

20世纪30年代，弗里茨·兹威基（Fritz Zwicky）第一次注意到星系的视觉观测与其实际飞行速度之间的差异。研究后发现星系团时，他意识到，星系要想被引力组合在一起，就必须具有远多于他所看到的多得多的物质。于是，他创造了"暗物质"这一术语，以表示看不见的物质。

到了20世纪60年代，光谱学已经发展到可以对星系内部的恒星速度进行高分辨率的测量，并将其与半径做对比。薇拉·鲁宾（Vera Rubin）是发现"星系旋转曲线"的伟大先驱之一。她发现大多数盘状星系的外围部分的旋转速度比可见物质的引力效应本应产生的要大得多。这意味着星系中充斥着暗物质"环"，其密度比可见星盘的密度沿半径下降得更慢。

盘状星系，比如这里所示的御夫座星系，就被嵌在暗物质环中。

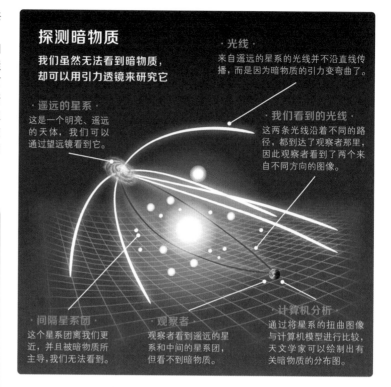

探测暗物质
我们虽然无法看到暗物质，却可以用引力透镜来研究它

· 遥远的星系 ·
这是一个明亮、遥远的天体，我们可以通过望远镜看到它。

· 光线 ·
来自遥远的星系的光线并不沿直线传播，而是因为暗物质的引力变弯曲了。

· 我们看到的光线 ·
这两条光线沿着不同的路径，都到达了观察者那里，因此观察者看到了两个来自不同方向的图像。

· 间隔星系团 ·
这个星系团离我们更近，并且被暗物质所主导，我们无法看到。

· 观察者 ·
观察者看到遥远的星系和中间的星系团，但看不到暗物质。

· 计算机分析 ·
通过将星系的扭曲图像与计算机模型进行比较，天文学家可以绘制出有关暗物质的分布图。

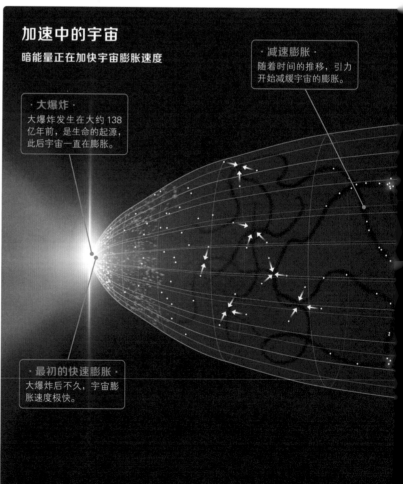

加速中的宇宙
暗能量正在加快宇宙膨胀速度

· 减速膨胀 ·
随着时间的推移，引力开始减缓宇宙的膨胀。

· 大爆炸 ·
大爆炸发生在大约138亿年前，是生命的起源，此后宇宙一直在膨胀。

· 最初的快速膨胀 ·
大爆炸后不久，宇宙膨胀速度极快。

98

欧几里得任务（The Euclid mission）

欧洲航天局（ESA）的欧几里得太空望远镜，计划于2022年发射以研究暗物质和暗能量[1]。欧几里得望远镜用于绘制引力凝聚的星系图，从星系图中可以进一步推断出相关暗物质的分布。该望远镜还将研究所谓的"重子声学振荡"即一种存在于星系大规模分布中的古老模式。像爆炸性的超新星一样，它们提供了一个标准尺，使天文学家能够追踪宇宙的膨胀历史（包括由暗能量引起的加速）。在为期六年的任务中，"欧几里得号"将在覆盖天体35%以上的天空区域内用可见光和红外波段测量星系。

[1] 欧几里得空间望远镜是欧洲航天局于美国东部时间2023年7月1日11时12分从美国佛罗里达州发射升空的空间望远镜，开启了其探索宇宙暗物质和暗能量的任务。——译者注。

欧几里得号航天器运行状态概念图。

暗能量

天文学家在寻找其他物质时意外地发现了暗能量。他们想通过测量宇宙引力减缓膨胀速度的速度来计算宇宙的总质量，还试图通过绘制一类名为"Ia型超新星"的特殊天体的衰退速度与距离的关系图来实现这点，但结果并不尽如人意。宇宙的膨胀根本没有放缓，它实际上反而正在加速。

宇宙中仿佛充满了一种神秘的东西，即暗能量。暗能量在最大程度上能抵消引力，并在相反的方向上有着更强的推力。这一发现与暗物质不同，暗物质可能是一种完全未知的物质，但至少遵守了牛顿和爱因斯坦的既定定律。暗能量有着其奇怪的、类似反重力的特征，甚至不遵循这两位科学家的理论。

如果我们观察爱因斯坦方程中一个叫作"宇宙学常数"的不起眼量，也许就会理解了。它在牛顿的理论中没有对应的量，而且多年都被认为是零。但是如果它有一个小的正值，便可以解释暗能量作为空间本身的一个基本属性而存在。

布莱恩·施密特（Brian Schmidt）、索尔·珀尔马特（Saul Perlmutter）和亚当·里斯（Adam Riess）的超新星测量结果表明了暗能量的存在。

· 暗能量启动
大约50亿年前，暗能量开始影响膨胀速度，膨胀于是再次加速速度。

爱因斯坦在其相对论中纳入了类似于暗能量的宇宙学常数。

· 现状
膨胀的速度仍在加快，所以现在宇宙的体积比没有暗能量的时候要大。

· 未来
科学家们认为，暗能量将占主导地位，星系最终会变得极其遥远。

"有种物质在抵消万有引力的作用，使星系散开得越来越快"

原子的力量

原子是组成物质的基本结构
有了足够数量的原子，你可以用它建造出从《米洛斯的维纳斯》雕塑到
维纳斯星球（金星，Venus）的一切物体

    宇宙中的一切事物都由无数微小的原子组成的，这些原子被连接成不同的结构，本质上就像玩具积木。但是，原子并非像塑料积木那样通过摩擦扣在一起，而是通过电荷连在一起。

    在每个原子的中心，都有一个原子核——由名为"质子"的带正电粒子和名为"中子"的不带电粒子组成的一团。微小的原子核周围有更小的带负电的粒子，即电子。通常情况下，质子和电子的数量相等。由于二者电荷相反，质子和电子会相互吸引，这就是原子结构稳定的原因。在这种平衡下，原子整体呈现为电中性。

    但是这些电子是一个"善变"的群体：它们不仅被自己的原子核所吸引，有时也会被其他原子的原子核所吸引。在适当的情况和条件下，这种跨原子的吸引力可以起到"电子胶水"的作用，将多个原子黏合在一起。

    一个原子会与其他原子形成何种化学键取决于其质子和电子的数量以及排列方式，元素周期表上的每一种元素都是独一无二的。电子以特定的能量水平围绕着原子核，称为"电子壳层"。最接近原子核的壳层处于最低能量级，而离原子核最远的壳是最高能量级。每个壳层可以容纳有限数量的电子。例如，最低能量级的壳层最多容纳两个电子，而下一级的壳层最多容纳八个电子。为了实现最大稳定性，电子会移动到有可用空间的最低能级。

    化学键的关键因素是原子最外壳层（称为"价壳"）中的空位数。当有适当的空位组合时，电子可以从一个原子跳到另一个原子，两个原子可以共享一个电子，或者许多原子可以共享一个电子云。当原子的价壳充满的时候，原子就比较稳定，此时电子会很容易以形成完整价壳的方式移动。

    多个原子结合在一起时会形成分子。分子可以由许多相同的（同种元素）原子组成，也可以由不

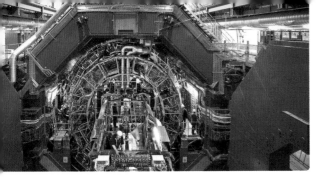

全功率下，数万亿质子将在 LHC 加速器环上每秒绕圈 11 245 次。

同元素的原子组成。一个由多元素组成的分子被称为"化合物"。总的来说，大量的分子形成了我们今天所熟知的各种材料。这些单个分子的结构以及这些分子连接在一起的方式，最终决定了材料的质感和特点。

概括地说，分子有三种组织形式：气体、液体和固体。在气体中，分子自由移动。在液体中，分子松散地结合在一起，像碗中的弹珠一样相互滑动。同时，在固体中，分子分布在更固定的结构中，不能自由移动。

在这些形式中，原子的不同组合和排列造成了极为广泛的质量和运动范围。即使局限于一组相同的原子，结构变化也会导致物质性质的巨大差异。例如钻石和石墨，尽管两者都是碳原子的排列结果，但绝对不会有人拿着铅笔屈膝求婚。

钻石中强大的共价键将原子连接在一个刚性的晶格中，让钻石成了世界上硬度极大的材料之一。另一方面，石墨中的碳原子分布在一个层状结构中，层与层之间的键非常弱，如同用铅笔触碰纸张。将原子组合和排列成不同结构可以产生几乎无限的可能。科学家和工程师们已经开发了无数的新型材料，而我们还远远没有穷尽其潜在的组合。

涉及原子重组的化学反应本身也有利用价值。例如，火是木材（或其他燃料）中的化合物和大气中的氧气之间的化学反应的结果，由强热引发。木材燃烧会产生焦炭和氢、碳和氧的气态化合物。随着气体加热，化合物被分解，原子与空气中的氧气重新结合，产生水、二氧化碳、一氧化碳和氮，并在这个过程中以热和光的形式释放出大量的能量。

在创造新材料和生产可用能源之间，对原子的操纵一直是人类各种技术的核心——即使在我们不知道原子存在的时候。近年来，科学家们已经成功地制造出了新的原子，通过将现有的原子核组合成新的超重原子核，合成了在自然界中未观察到的 20 种元素。这些人造的原子很快就会散开，但稳定的变体可能很快就会出现。20 世纪，人类首次解封了原子核的内部能量，发明出了核电站与核弹。

今天，物理学家正在研究构成原子的更小的组成单位：夸克、轻子和玻色子。这个仍然处于神秘层面的新发现可能从根本上重塑我们对宇宙的认识。

剖析原子　构成原子的基本部分是什么？

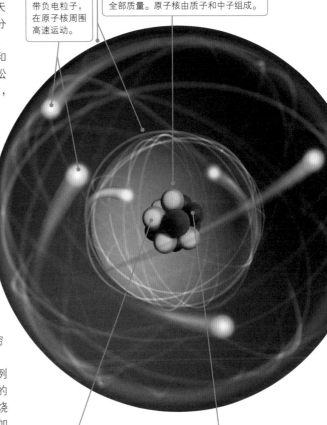

· 壳层 ·
电子只能存在于设定的能级中，通常称之为"壳层"。每个壳层都有容纳有限数量电子的空位。

· 电子 ·
电子是极小的带负电粒子，在原子核周围高速运动。

· 原子核 ·
原子核是原子的中心，几乎占据原子的全部质量。原子核由质子和中子组成。

· 质子 ·
质子是原子核中带正电的粒子。元素都是由原子有多少个质子来定义的。

· 中子 ·
中子是没有电性的粒子，帮助构成原子质量。中子比质子略大。

1945 年 8 月 9 日，美军把"胖子"核弹投放于日本长崎。

原子模型

原子并不遵循我们每天在周围世界看到的牛顿物理学规律，这使得我们不可能直观地看到原子层面上实际发生了什么。科学家最多也只能创建理论模型，让我们对正在发生的事情有一个总体的概念。以下是一些值得注意的模型，它们极大地促进了我们对原子的理解……

汤姆森的"梅子布丁"模型（1904 年）

英国物理学家 JJ·汤姆森（JJ Thomson）早在 1897 年就发现了电子，他首次表明原子由更小的成分组成。为了解释原子的整体电中性，汤姆森在其 1904 年的模型中提出，带负电荷的电子必须像梅子布丁中的葡萄干一样，有规律地安放在均匀分布的正电荷中。

卢瑟福的核模型（1911 年）

出生于新西兰的物理学家欧内斯特·卢瑟福（Ernest Rutherford）曾在剑桥大学学习，他推翻了汤姆森的模型，证明了带正电的原子核的存在。卢瑟福提出，原子就像一个微型的太阳系，相对巨大的、类似太阳的原子核位于中心，小得多的行星状电子环绕四周。

玻尔的壳层模型（1913 年）

经典力学中，任何在弯曲路径上运动的带电粒子都会释放出辐射。因此，在卢瑟福的模型中，电子会失去能量并坍缩到原子核中。丹麦物理学家尼尔斯·玻尔（Niels Bohr）提出电子在不同类型的轨道上运动。他的理论是，电子以固定的能级（壳层）围绕着原子核运动，只有从一个壳层"跳"到另一个壳层时才会发出辐射。

什么是单质和化合物？

单质是完全由一种类型的原子组成的物质。每种元素由该元素的单个原子中的质子个数决定。例如，每个氢原子中只有一个质子，而每个金原子有 79 个质子，以此类推。在适当的情况下，不同元素的原子可以结合在一起形成化合物。将化合物结合在一起的键是由电子的各种运动产生的。以下是两个例子。

离子键

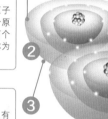

❶ 离子键
当电子从一个原子"跳"到另一个原子时，会形成两个带电的原子，称为离子。

❸ 钠原子
钠原子的价壳只有一个电子，留下七个空位。

❺ 氯原子
氯原子的壳层有七个电子，只留下一个空位。

❻ 钠离子
钠原子现在有 10 个电子和 11 个质子，这使其成为阳离子，即一个带有净正电荷的原子。

❷ 价壳
电子在被称为"壳层"的固定能级中运动。每个壳层都有一定数量的电子空位。最外层的空位数称为"价壳"，决定了一个原子如何形成键。

❹ 电子跃迁
为了达到整体的稳定性，钠原子的备用电子跃迁到氯原子的价壳中。

❼ 氯气阴离子
氯原子现在有 18 个电子和 17 个质子，由此变成为阴离子，即一个带有净负电荷的原子。相反的电荷将两个原子结合在一起，形成化合物氯化钠，也就是通常所说的食盐。

共价键

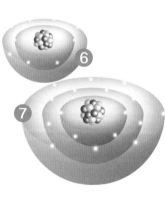
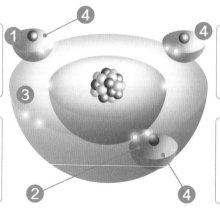

❶ 共价键
原子之间也可以通过共享电子形成化合物，即共价键。

❷ 电子对
三个氢原子中的每一个都分享一个电子和一个氮电子，共同形成了化合物氢水。

❸ 氮原子
一个氮原子在其价层中有五个电子，留下三个空位。

❹ 氢原子
这三个氢原子中的每一个在其价壳中都有一个电子，留下一个空位。

将原子轰击到一起会导致亚原子粒子的移位。

从恒星到太空尘埃，宇宙中的一切都由原子构成。

如何分裂一个原子

在以上一堆令人费解的原子性质中，还有一点令人困惑，即一个原子核的整体质量比其中的质子和中子单独拥有的质量还要小。这怎么可能呢？原因是当原子核形成时，其组成部分的一些质量变成将质子和中子结合在一起的能量。换句话说，原子核中储存着高势能。

通过将特定类型的原子分裂成多个碎片，有可能释放这种能量，并真正掌控它，这一过程被称为核裂变。分裂铀–235所需要的是一个缓慢移动的自由中子。铀原子将吸收自由中子，额外的能量使铀原子核高度不稳定，原子分裂成两个较小的原子和两三个自由中子。核中的势能以动能的形式（即粒子高速运动）释放出来。由此产生的自由中子反过来又能使其他铀–235原子分裂，触发连锁反应。

发电机控制反应利用这种能量来产生蒸汽，使涡轮机转动。而在原子弹中，任由反应不受控制地进行，可以产生巨大的爆炸。

也可以通过核聚变来利用这种能量，即两个原子核结合成一个新原子核。核聚变是恒星和氢弹的能量产生来源。然而，目前还没有人能够有效地将其用作一种动力源。

"只需要一个缓慢移动的自由中子，就能使铀–235原子裂开"

解释放射性衰变

大多数原子都是高度稳定的，这意味着除非出现极端情况，原子核将始终保持在一起。但是在某些原子中，结合原子核的能量最终会在一个叫作"放射性衰变"的过程中失效——原子核自发解体。

最不稳定原子是具有非常多质子的元素，如铀（92个质子）。但是一些较轻的元素如碳，在中子数量过多或过少的情况下，也可能不稳定，具有放射性。中子数不同的同种元素的原子互称为"同位素"。例如，虽然普通的碳–12（6个质子和6个中子）是完全稳定的，但碳–14（具有6个质子和8个中子）具有放射性。

放射性衰变的结果是亚原子粒子从原子核中喷射出来。在α辐射中，原子喷射出两个质子和两个中子。在β辐射中，一个中子变成一个质子，喷射出一个中微子粒子和一个自由电子，称为"β波"。在γ辐射中，原子核以光子的形式释放额外的能量。喷射粒子的能量可以破坏和使人类的DNA发生突变，有时会导致恶性的细胞变化，即癌症。

剩下的原子核形成了一个"子原子"。当质子数发生变化时，子原子将与原来的原子完全不同。例如，碳–14衰变为氮。

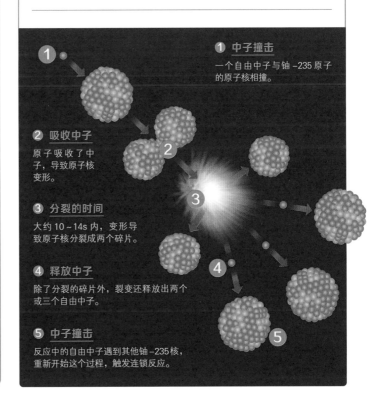

①中子撞击
一个自由中子与铀–235原子的原子核相撞。

②吸收中子
原子吸收了中子，导致原子核变形。

③分裂的时间
大约10～14s内，变形导致原子核分裂成两个碎片。

④释放中子
除了分裂的碎片外，裂变还释放出两个或三个自由中子。

⑤中子撞击
反应中的自由中子遇到其他铀–235核，重新开始这个过程，触发连锁反应。

创造光

·碰撞·
与另一个原子或粒子的碰撞激发了一个原子。

·能量跳跃·
碰撞产生的额外能量将电子提升到一个更高的层次，称为"壳层"。

·能量释放·
电子立即回落到它原来的壳层中，以光子的形式释放出额外的能量。

原子如何发出光

　　光是电子在原子中名为"壳层"的既定能级之间移动的结果。当原子被激发时，比如与另一个原子或一个化学电子碰撞时，一个电子可能会吸收能量，跃迁到一个更高层次的壳层。然而，这种跃迁是短暂的，电子会立即回落到较低的能级，以一种叫作光子的电磁能量包的形式发射其额外能量。光子的波长取决于电子回落的距离。有些波，如无线电波是不可见的。波长在可见光谱中的光子形成了我们能看到的所有颜色。

D-Wave 系统公司的 D-Wave One 是第一个商业化的量子计算系统。

原子与量子计算

　　亚原子层面的怪事之一是亚原子粒子在被观察之前没有一个确定的状态。物理学家不会讨论一个质子、电子或其他亚原子粒子的确切位置，而是谈论一种叫作"概率云"的东西，表明其所有可能的状态。

　　"量子隧道"这一奇怪但真实的现象有助于说明这点。当一个亚原子粒子接近一个屏障时，其位置的概率云的一个边缘会移动到屏障的另一侧。因此，它实际上有很小的概率会在屏障的另一边。有时，它在另一边，实际上是通过隧道直接穿过障碍物。

　　另一种定义这种模糊性的方法是认为一个亚原子粒子同时处于所有可能的位置。与任何时候的值都是 1 或 0 的计算机相比，量子计算的基本思想是利用许多"叠加"状态中的每一个来执行部分计算，以便比传统计算机更快地完成整个计算过程。该领域目前处于起步阶段，操作范围有限，但在可预见的未来，它可能会彻底改变计算机领域。

> **"2010 年世界电力的 13.5%**
> **来自全球各地 436 个核反应堆"**

通过数据看原子能

　　无论你对核电有何看法，它都是你生活的一部分。根据核能研究所的数据，2010 年世界电力生产的 13.5% 来自全球各地 436 个核反应堆。法国在这方面处于领先地位，法国 2011 年 77.7% 的电力来自核能。英国的这一比例要低得多，为 15.7%。其他能源占比仍然超过核能。国际能源署将煤炭／泥炭列为最主要的能源，提供了世界上 40.6% 的电力。天然气位居第二，占 21.4%，其次是水力发电，占 16.2%。太阳能、风能、生物燃料、热能和地热发电加起来只占 3.3%。

法国目前在核电方面处于领先地位，其总体能源的近 80% 来自于核变发电。

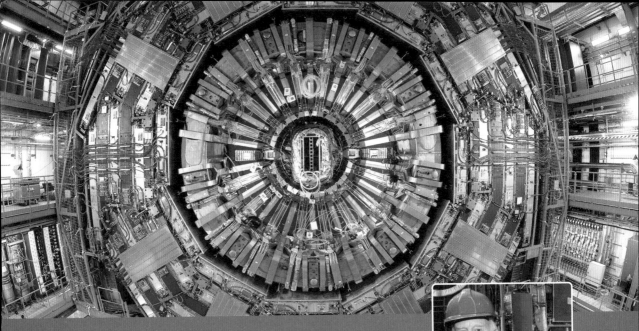

什么是希格斯玻色子（上帝粒子）？

希格斯玻色子（Higgs boson）是英国物理学家彼得·希格斯（Peter Higgs）提出的一种理论粒子，是粒子和力的标准模型的一部分。标准模型是一个不完善的理论，它描述了宇宙中 12 种已知的基本粒子和四种已知力中的三种是如何结合在一起的（并没有说明引力）。

根据这一理论，许多基本粒子在大爆炸后没有立即获得质量，但后来通过与一个被称为"希格斯场"的无形能量场的相互作用和一个被称为"希格斯玻色子"的粒子获得质量。

希格斯玻色子是令标准模型不完整的几个缺失部分之一。用大型强子对撞机找到它将为标准模型提供额外的可信度，使我们对物质的性质有一个强有力的指示。在广泛的搜索之后没有找到它，表明这一理论是错误的，这促使物理学家们关注其他思想流派。

1964 年，希格斯教授提出了其希格斯玻色子理论。

大型强子对撞机（LHC）里到底发生了什么？

在瑞士和法国地下约 50~170m 处，你会看到一个大型强子对撞机，这是一个 27km 的原子和亚原子粒子的圆形赛道。对撞机以 99.9999991% 的光速使这些粒子流加速撞向对方，以将其分开。为什么要这样做呢？因为科学家需要这种前所未有的强度的碰撞以观察构成原子的一些无限小的粒子。检查这些碎片或许能让物理学家看到宇宙在大爆炸之后的样子。

欧洲核子研究中心（CERN）的研究人员正在收集关于每次碰撞中粒子的速度、质量、能量、位置、电荷和轨迹的数据。对这些数据的分析可能会产生对质量、引力、暗物质甚至其他维度性质的新理解。

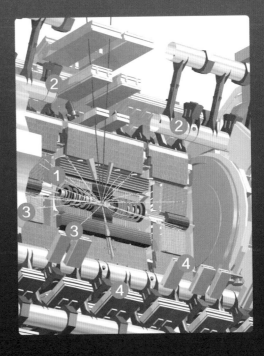

1 内部探测器

最里面的探测器跟踪质子碰撞产生的粒子与各种材料相互作用的路径。

2 环形磁铁系统

强大的磁铁使带电粒子的路径弯曲，从而可能测得其动量。

3 量热仪

一系列材料和传感器吸收碰撞产生的粒子，以测量它们的能量。

4 缪子光谱仪

最外层的探测器有数以千计的带电传感器，用于测量缪子的动量。缪子是带负电的亚原子粒子。

物理与宇宙

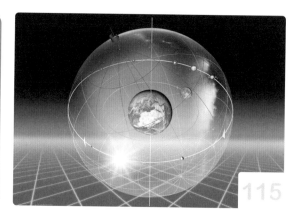

115

113

119

123

宇宙法则

了解支配宇宙过去、现在和未来的神奇宇宙物理学

从亚原子粒子的复杂行为到最大星系团的引力运动，我们的宇宙显示出惊人、无限的复杂性。然而，从本质上讲，宇宙只遵循几个基本规律。有证据表明，宇宙中只有四种力：引力、电磁力、弱力和强力，这四种力支配着物质之间的所有相互作用。实际上，宇宙甚至比这还简单——只有核力。核力，顾名思义，只在原子内部的微小距离范围内产生影响，而电磁力和引力的无限作用范围可以使它们成为主导力量。

然而，所有这些定律都需要使宇宙以我们观察到的方式呈现出来；而且如果它们或支配其影响的"宇宙常数"稍有不同，我们所知道的宇宙很可能根本就不存在。

几个世纪以来，支配宇宙的法则逐渐被揭开。引力的影响在 17 世纪初首次被学术界注意到，

而支配宇宙的更基本的规律则是在该世纪末被提出。19 世纪带来了对能量和电磁学的更深理解，而 20 世纪则揭示了支配原子本身的量子定律，并再次改变了我们对重力的理解。

第一个被发现的伟大物理定律是那些支配行星运动的定律。16 世纪初，尼古拉斯·哥白尼是第一个提出行星绕太阳运行的现代天文学家，而支持这一激进观点的证据在整个 16 世纪不断积累。但是，任何成熟的行星理论的基本标准之一是，应该能预测行星的运动和位置，而这正是哥白尼理论失败之处，它并没有比旧的地心说的准确性高太多。

1609 年，德国天文学家约翰尼斯·开普勒实现了一次大胆的概念性飞跃。前几代的观星者一直固守着"完美"的圆周运动的想法，但是开

速度（千米／秒）

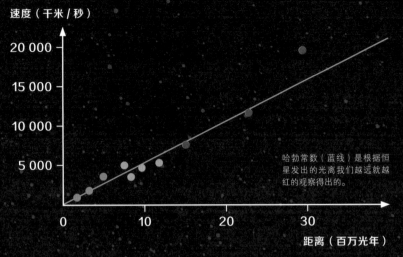

20 000

15 000

10 000

5 000

0   10   20   30

距离（百万光年）

哈勃常数（蓝线）是根据恒星发出的光离我们越远就越红的观察得出的。

宇宙膨胀

20 世纪中期，天文学家埃德温·哈勃利用遥远的闪烁变星的现象来证明天空中的"螺旋状星云"实际上是距离地球数百万光年的星系。接着他又有了一个更具根本性的发现。根据多普勒效应，科学家已经知道来自螺旋状星云许多的光是"红移"的，即波长被拉长并向光谱的红色一端移动。哈勃发现，一个遥远的星系离得越远，其光线的红移就越大。这一现象的唯一解释是，宇宙本身正在迅速膨胀，并使星系散开。

大爆炸理论

包括宇宙膨胀和无处不在的辐射"余晖"在内的证据表明，宇宙是在大约 138 亿年前的一次巨大爆炸中产生的。在宇宙形成的最初时刻，能量集中是如此强烈，以至于宇宙的基本力作为一种单一的统一力发挥作用——事实上，许多宇宙学家怀疑，这些力的分离推动了一个名为"宇宙暴胀（inflation）"的剧烈扩张期。从那时起，宇宙就开始稳定地膨胀和冷却。在最初的 38 万年里，宇宙仍然是如此的密集、不透明，以至于它在很大程度上受到电磁相互作用的支配，因为光在粒子之间来回"跳动"。此后，宇宙迅速变得透明，从那时起，引力就成为塑造宇宙的关键因素。

▶ 关键人物
埃德温·哈勃

美国天文学家埃德温·哈勃（1889—1953）利用造父变星来测量遥远星系的距离，证明它们远在银河系之外。他还设计了一个星系分类系统，并表明宇宙作为一个整体正在膨胀，为大爆炸理论铺平了道路。

宇宙的演化

在宇宙漫长的历史中，各种力量和规律在不同的节点上发挥了影响

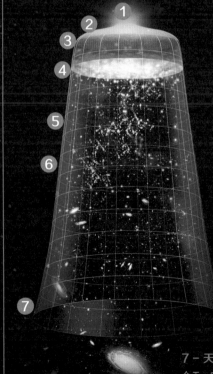

1 - 大爆炸
宇宙在大约 138 亿年前的一次开天辟地的爆炸中诞生。

2 - 物质与能量
在新宇宙的高温条件下，质量和能量是可以互换的，物质颗粒不断地出现和消失。

3 - 暴胀
最初的爆炸之后不久，四种基本力的分离推动了一个短暂的突然膨胀和冷却期，称之为"暴胀"。

4 - 辐射时代
在大约 38 万年的时间里，宇宙是不透明的，电磁的相互作用制约着可见物质的行为特征。

5 - 物质时代
一旦宇宙变得透明，物质就开始由于引力作用而坍缩。

6 - 第一批恒星
大约 3 亿年后，第一批恒星开始从坍缩的气体云中发展起来，将大爆炸中产生的轻质元素转化为较重的元素。

7 - 天的宇宙
今天，宇宙的膨胀仍在继续，规模宏大，甚至在神秘的暗能量的影响下还在加速。

普勒提出，行星遵循的是椭圆路径：沿一条轴线延伸的椭圆形，太阳位于两个焦点之一。

由此产生的行星运动定律非常成功，但其背后的基本力量直到 1687 年才被描述出来，当时牛顿发表了《自然哲学的数学原理》（*Mathematical Principles Of Natural Philosophy*）。在书中，牛顿表明，行星轨道只是更基本的运动定律的一种表现形式：除非受到力的作用，否则物体将持续处于静止或直线运动的状态；在力 *F* 的影响下，质量为 *m* 的物体的加速度 *a* 由简单的方程式 *a=F/m* 给出；当一个物体对另一个物体施加力时，它会受到一个相等的反作用力。牛顿认为，即使物体没有物理接触，它们也可以通过万有引力相互影响。他认为，根据万有引力，致使地球上物体落地的相同力量可以延伸到太空，其影响可以是无限的，这使得引力成为塑造大尺度结构宇宙的支配力量。

18 和 19 世纪见证了热和能量理论（如热力学）的重要发展，而 20 世纪初却见证了宏观和微观科学的双重革命。1915 年，阿尔伯特·爱因斯坦发表了广义相对论，将引力重塑为四维"时空"结构的扭曲，由大量的质量汇集而产生。

相对论描述并预测了仅靠牛顿万有引力定律无法解释的现象，如引力透镜（光束没有质量，因此应该不受引力的影响，但当它们经过大质量物体附近时会发生偏转）。同时，埃德温·哈勃的观察证明，宇宙作为一个整体正在膨胀，这表明在遥远的过去有一个更密集、更

解码开普勒三定律

行星运动的三个定律描述了行星或任何物体在万有引力作用下围绕另一物体的运动

关键词

● **定律 1：轨道定律**

● **定律 2：面积定律**

● **定律 3：周期定律**

· 较短的轨道 ·
接近太阳的天体周期较短，不仅因为它们的轨道本身较短，而且还因为它们沿着轨道移动的速度较快。

· 太阳焦点 ·
被绕行的天体（本例中是太阳）位于沿椭圆长"主"轴的两个焦点之一。

· 近日点 ·
当行星处于离太阳最近的位置时，行星会快速移动，扫出一个宽而短的类三角形。

· 等面积规则 ·
开普勒第二定律指出，连接轨道上各点和焦点的三角形在同等时间内扫出的 面积相等。

· 椭圆轨道 ·
根据开普勒第一定律，一个天体在围绕另一个天体的轨道上遵循一个椭圆的路径。圆形轨道只是椭圆轨道的一种特殊类型。

从星球到星系

牛顿的运动和引力定律可以延伸到太阳系之外，描述星系的结构，甚至是星系的大规模运动。在一个螺旋星系中，在外盘运行的恒星受到与行星相同的规则影响，所以一般来说，它们在离中心更远的地方移动得更慢，这种现象被称为"较差自转"（differential rotation），意味着星系不像固体天体那样旋转。银河系也受到其相邻天体的引力影响，常常集中在松散的群组或更密集的星团中。不过有些时候，星系的旋转和星系团的动态与我们对可见物质的行为预期不一致，这是一个重要的线索，表明存在看不见的暗物质，它既看不见又透明，只能通过其引力来感受它的存在。

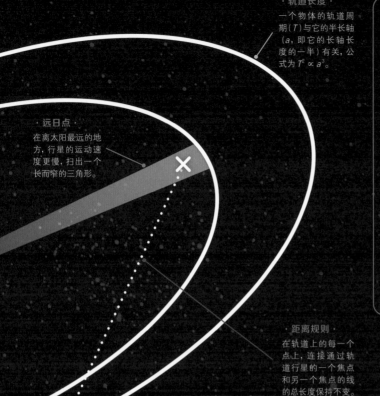

·轨道长度·
一个物体的轨道周期（T）与它的半长轴（a，即它的长轴长度的一半）有关，公式为 $T^2 \propto a^3$。

·远日点·
在离太阳最远的地方，行星的运动速度更慢，扫出一个长而窄的三角形。

·距离规则·
在轨道上的每一个点上，连接通过轨道行星的一个焦点和另一个焦点的线的总长度保持不变。

·较长的轨道·
距离较远的物体具有较长的轨道周期，不仅是因为它们的轨道较长，而且还因为它们在空间中的运动速度较慢。

热力学：热和能量的规律

　　热力学研究的是热量的特性以及其转移过程。从本质上讲，温度是物质内部粒子随机运动的体现，而热是能量流动的体现，通过这种运动从一个物体转移到另一个物体。因此，恒星内部可以用不同的过程（传导、对流和辐射）来模拟，通过这些过程传递能量。几个重要的定律主要完成于 19 世纪，决定了热力学系统的框架，但对宇宙学家来说最重要的是第二定律，它指出，一个封闭系统的熵（衡量其无组织性和热能在其中均匀分布的方式）必然会增加。由于在热力学方面，宇宙是一个封闭的系统，这意味着它的熵也将不可避免地增加。换句话说，热量最终将均匀分布，除非有其他因素提前介入，否则宇宙将面临漫长而寒冷的消亡。

▶ 关键人物·
艾萨克·牛顿

　　数学家和物理学家艾萨克·牛顿（1643—1727）提出了运动和万有引力定律以及微积分，还对光学研究做出了贡献，建造了第一台实用的反射式望远镜，并证明了白光由多种色光组成。

热的起源——大爆炸。

爱因斯坦在量子理论的形成中也发挥了关键作用。量子理论的主要内容是：在最小的尺度上，所有现象同时显示出波动性和粒子性的特征，而且物质和能量可以相互转换。量子物理学最早由马克斯·普朗克于 1900 年提出，随后在 20 世纪 20 年代和 30 年代由路易斯·德·布罗格利、尼尔斯·玻尔和维尔纳·海森堡等人身上得到了进一步发展，为解开光和其他电磁辐射的性质以及物质本身的结构提供了一把"钥匙"。量子尺度系统的不可预知性有助于解释放射性衰变等现象，但也同时带来了一些令人不安的哲学问题。

在量子理论成功的基础上，物理学在 20 世纪末掌握了力在量子尺度上的运作原理，成功地发展出"规模型理论"，显示了电磁力、弱核力和强核力是如何通过名为"玻色子"的信使粒子在易受影响的物质粒子之间交流而传递的。基于粒子物理学的这一标准模型，以及质量和能量的等价性（体现在爱因斯坦的著名方程式 $E=mc^2$ 中）

▶ **关键人物**
阿尔伯特·爱因斯坦

物理学家阿尔伯特·爱因斯坦（1879—1955）对 20 世纪物理学的影响超过了其他任何人。他的狭义和广义相对论揭示了质量和能量的互换性以及空间、时间和重力的本质。他还在发展量子理论方面发挥了重要作用。

等观点，宇宙学家已经能够表明从大爆炸中释放的能量如何产生组成宇宙的原材料。

今天，理论物理学家主要追求将宇宙的基本力量统一在一个简化的单一模型中。尽管这些努力已经收获了一些积极成果，但距离一个整齐统一的方程就能描述全部宇宙规律的"万物理论"仍然还有一段距离。

时空的本质

根据广义相对论，我们对空间和时间的感知是一个单一的四维时空的多个方面。

"爱因斯坦的相对论将引力重塑为四维时空结构的扭曲"

·引力井·
较大物体周围扭曲的时空形成一个"井"。轨道上的物体在这个井的边缘滚动，距离由物体自身的速度决定。

·平坦的空间·
时空只有在远离任何质量或引力影响的区域才是平坦和均匀的。

·描绘时空·
将时空的真实性质形象化的一个常见方法是将空间描绘成一个二维的"橡胶板"。

·较小的失真·
质量较小的天体如月球，会在时空"橡胶板"上产生一个较小的凹痕。

·挤压还是扭曲？·
我们可以想象，三维空间中的时空事实上被"夹在"大质量块的周围，类似于沙漏的腰部。

·扭曲的质量·
像地球这样的大质量物体扭曲了周围的时空，以一种我们认为是引力的方式扭曲了时空。

聚焦四种基本力

引力、电磁力以及弱核力和强核力四种基本力塑造了整个宇宙。电磁力可能最容易理解，它作用于任何带有电荷的物体，被认为是一种吸引或排斥的力量。它通过被称为"光子"和"'虚拟'光子"的载力粒子在物体之间传播。

两种核力被限制在原子核内，将亚原子粒子结合在一起。强核力作用于名为"夸克"的粒子，将其分成三类（通过载力胶子粒子）并结合在一起，形成质子和中子等强子，并将这些粒子依次结合在一起，形成完整的原子核。与此同时，弱核力是由两种不同类型的粒子（W玻色子和Z玻色子）携带，可以引发原子核中与放射性衰变有关的自发变化。

引力是基本力中最神秘的力，比其他三种力都弱得多，但在无限范围内都有影响力。尽管广义相对论将其描述为时空的扭曲，一些科学家仍然推测，它可能是通过被称为"引力子"的假想粒子传播的。近几十年来，物理学家开始发现这些表面上不同的力之间的深刻联系。在足够高的能量下，电磁力和弱核力合并成一个单一的弱电力，并且有希望在更高的能量下，强电力最终可能与它们结合起来，形成一个所谓的"大统一理论"。

平行的可能？

平行宇宙听起来可能像科幻小说，但我们所理解的物理定律允许它们以各种方式存在。一种可能是，宇宙是无限的，并延伸到我们可以看到的空间区域之外，在这种情况下，我们预期的每一种可能条件和"宇宙"都会在某个地方出现，甚至可以通过被称为"虫洞"的理论捷径到达其中一些地方（如下图所示）。另一个理论是，我们的宇宙是许多四维"膜"中的一个，像薄片一样飘浮在多维空间中，平行的宇宙存在于类似的薄片上，但可能无法到达。

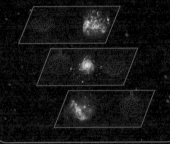

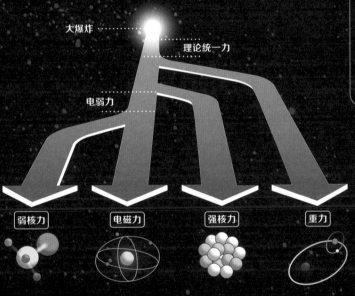

- 大爆炸
- 理论统一力
- 电弱力
- 弱核力
- 电磁力
- 强核力
- 重力

> **关键人物**
> **马克斯·普朗克**
> （Max Planck）

物理学家马克斯·普朗克（1858—1947）被公认为量子理论的创始人，因为他提出光和其他形式的电磁辐射可能存在于离散的能量包（量子）中。可普朗克本人并不认为量子物理学会产生广泛影响。

> **关键人物**
> **史蒂芬·霍金**
> （Stephen Hawking）

物理学家和宇宙学家史蒂芬·霍金（生于1942年）在其早期科研生涯中致力于探索支配黑洞的引力定律。近年来，他提出了宇宙学理论，为统一广义相对论和量子理论提供了希望。

挑战通用规律

虽然许多人相信物理学定律适用于整个宇宙，但有证据表明其效果可能有所不同。像牛顿的万有引力定律包含了被称为"宇宙常数"的因素，比如一定距离的地球引力强度。但是2010年的一项研究发现，这些常数并非恒定，暗示精细结构常数可能在宇宙的不同部分并不相同，决定了电磁力的强度。同样，最近的测量表明，宇宙常数的强度可能也在变化，削弱了引力。虽然我们能看到的波动很小，但其他地方的常数可能变化更大。

来自凯克天文台的数据让人们对所谓的常数产生了怀疑。

地球
为何旋转?

弄清我们的星球旋转的原因

地球为什么旋转的故事可以追溯到太阳系形成之初。大约47亿年前,太阳系是一大片尘埃和气体的漩涡。随着时间的推移,它逐渐凝聚成恒星和行星,被引力拉成这些形状。这种被向内拉的运动增加了各种天体的角动量,从而导致它们更快地旋转。

想象一下一个溜冰者伸出手臂旋转时,将手臂向内收。这样做增加了他们的角动量,使其旋转得更快。地球最初形成时的情况也是如此。随着尘埃和气体被压缩成一个固体块,物体的总质量变得更加密闭,随后开始越来越快地旋转。

惯性定律指出,任何静止的或以恒定速度运动的物体都有继续保持原来状态的趋势,直到受到外力作用。考虑到地球在太空中旋转,而太空是真空的,没有任何物体可以大幅减缓地球的速度,所以地球会保持旋转状态。有趣的是,在其形成的早期,地球的旋转速度比现在快五倍,也就是说,地球的速度已经比过去慢许多了。

月球就是地球减速的原因。月球是地球的天然卫星,潮汐锁定导致地球的减速。此刻的月球被潮汐锁定在地球上,也就是说,朝向我们的总是同一侧,但并非自古以来都是如此。月球第一次进入围绕地球的轨道时,它也在旋转。为了理解潮汐锁定,想象一下,你和一个朋友都拉着一根绳子,并同时围绕着绳子中心转圈。当你的拉力越来越大时,最终旋转的速度越来越慢。最终,由于拉力太大,你会被限制在绳上,无法向一侧移动。这大概就是地球和月球之间的情况。当月球围绕地球运行时,会对地球产生一个拉力,这就是造成潮汐现象的原因。地球比月球大得多,所以会持续自由旋转,而月球的旋转现在与绕行轨道所需的时间相匹配。月球尽管很小,但会继续对地球产生影响,从现在起的数百万年后,地球上的一天可能长达 26 小时。

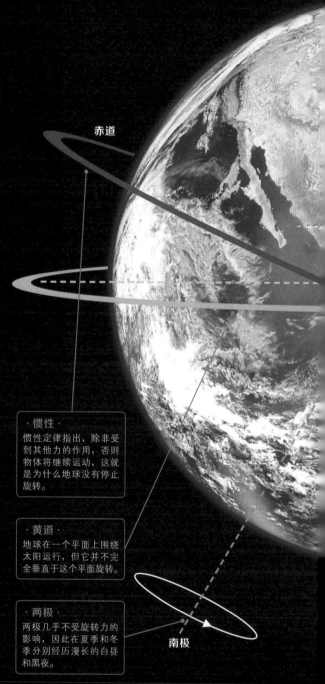

赤道

· 惯性 ·
惯性定律指出,除非受到其他力的作用,否则物体将继续运动,这就是为什么地球没有停止旋转。

· 黄道 ·
地球在一个平面上围绕太阳运行,但它并不完全垂直于这个平面旋转。

· 两极 ·
两极几乎不受旋转力的影响,因此在夏季和冬季分别经历漫长的白昼和黑夜。

南极

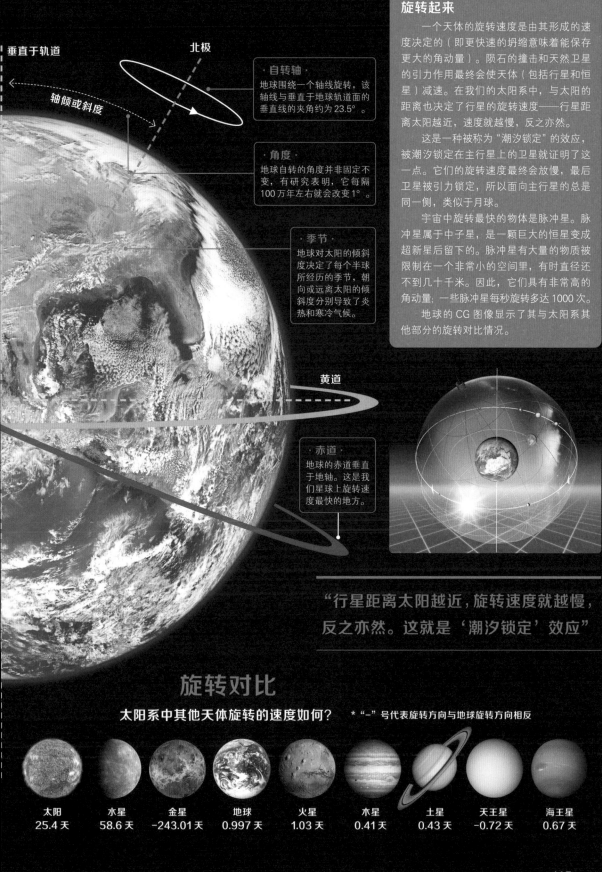

一个天体的旋转速度是由其形成的速度决定的（即更快速的坍缩意味着能保存更大的角动量）。陨石的撞击和天然卫星的引力作用最终会使天体（包括行星和恒星）减速。在我们的太阳系中，与太阳的距离也决定了行星的旋转速度——行星距离太阳越近，速度就越慢，反之亦然。

这是一种被称为"潮汐锁定"的效应，被潮汐锁定在主行星上的卫星就证明了这一点。它们的旋转速度最终会放慢，最后卫星被引力锁定，所以以面向主行星的总是同一侧，类似于月球。

宇宙中旋转最快的物体是脉冲星。脉冲星属于中子星，是一颗巨大的恒星变成超新星后留下的。脉冲星有大量的物质被限制在一个非常小的空间里，有时直径不到几十千米。因此，它们具有非常高的角动量：一些脉冲星每秒旋转多达1000次。

地球的CG图像显示了其与太阳系其他部分的旋转对比情况。

垂直于轨道

北极

轴倾或斜度

·自转轴·
地球围绕一个轴线旋转，该轴线与垂直于地球轨道面的垂直线的夹角约为23.5°。

·角度·
地球自转的角度并非固定不变，有研究表明，它每隔100万年左右就会改变1°。

·季节·
地球对太阳的倾斜度决定了每个半球所经历的季节，朝向或远离太阳的倾斜度分别导致了炎热和寒冷气候。

黄道

·赤道·
地球的赤道垂直于地轴。这是我们星球上旋转速度最快的地方。

"行星距离太阳越近，旋转速度就越慢，反之亦然。这就是'潮汐锁定'效应"

旋转对比

太阳系中其他天体旋转的速度如何？　　* "–" 号代表旋转方向与地球旋转方向相反

太阳	水星	金星	地球	火星	木星	土星	天王星	海王星
25.4 天	58.6 天	-243.01 天	0.997 天	1.03 天	0.41 天	0.43 天	-0.72 天	0.67 天

光速的秘密和
宇宙最快的物质

高速粒子可以告诉我们很多关于宇宙运作方式的信息，但我们能否克服终极速度限制？

在 2012 年年初的几个月里，科学界都屏住了呼吸，因为研究人员急于确定现代物理学最伟大的信条之一是否受到了威胁。恐慌是由来自意大利亚平宁山脉下的格兰萨索国家实验室的报告引发的，这些报告似乎显示，从距离瑞士和法国边境大约 730km 的欧洲核子研究中心的一台粒子加速器发射的中微子（微小的、近乎无色的亚原子粒子）的爆发速度超过了光速。

根据已有的一个多世纪的物理学，真空中的光速，即 299792458000m/s，是宇宙的速度极限。由于爱因斯坦著作中概述的原因，任何有质量的物体都无法达到这个速度；当物体接近光速时，以所谓的"相对论"速度"旅行"，爱因斯坦的狭义相对论所预测的奇怪效果就会成真，包括时间变慢、距离收缩和质量增加（使其越来越难以

加速）。只有无质量的光子和其他电磁辐射可以达到光速大小。

遗憾的是，那些期待物理学来源革命的人要失望了。因为格兰萨索实验室经过严格检查后发现了中微子爆发时间上的错误，证实它们实际上没有超过光速：至少在目前，现有理论占了上风。

但是，"超快"并不总是会威胁到物理学的基本定律。运动速度远超我们预期的物体，即使不是以相对论的速度运动，也能给我们带来引人入胜的谜题。

从这个角度来看，我们的宇宙充满了超快现象：从本身速度不到光速的万亿分之一的奇怪粒子到行星、恒星，甚至是人造太空探测器，运动速度都远远超过了一颗飞驰的子弹。

狭义相对论与终极速度极限

为了解决 19 世纪末物理学中的一个危机，阿尔伯特·爱因斯坦提出了狭义相对论。随着测量光速的方法越来越精确，人们发现光速的表现与其他现象不同，无论光源和观察者的相对运动如何，光速总是恒定不变。物理学家们尝试了各种方法解决这个问题，但爱因斯坦是唯一敢于正面解决这个问题的人。他根据两个简单的原则重写了物理学定律：固定的光速和"狭义相对论原则"，即物理学定律对"惯性参照系"（不涉及加速或减速的情况和观点）中的所有观察者来说应该是一样的。

爱因斯坦认为，以"相对论"速度（与光速相当的超快速度）运动的物体必须经历其表面质量、长度甚至时间流的扭曲（从外部观察者的角度看）。当一个物体本身试图以光速移动时，扭曲变得无限大，这使爱因斯坦确信光速是速度极限。爱因斯坦的理论现在有超过一个世纪的实验观察可以支持。

"相对论之父"——阿尔伯特·爱因斯坦的照片，拍摄于大约 1947 年。

由电子和亚原子粒子构成的射流以"相对论"速度运动，由 M87 星系中心的一个超大质量黑洞提供动力。

耀变体喷流

耀变体是遥远的"活跃星系",其核心的超大质量黑洞不断贪婪地吸食周围的物质。旋进黑洞的气体和尘埃形成了一个极热的圆盘,从远处看就像一个快速变化、类似星星的光点,而强大的磁场则以相对论的速度喷出垂直于圆盘的粒子流。在其他类型的活跃星系中,我们看到这种喷流的角度,但是在耀变体中,喷射的轴线或多或少都指向地球。这就造成了一种比光速运动更快的错觉——沿着喷射运动的物质几乎能够跟上它所发出的辐射的步伐,所以从耀变体核心附近的物质发出的辐射,在同样的物质发出的辐射到达地球后不久,给人的印象是,它可能以数倍于光速的速度移动,但这只是一种错觉。

我们能突破光障吗?

爱因斯坦的狭义相对论提出了一个令人信服的理由,即物质不能以光速飞行,但超过光速的速度呢?受 2012 年关于可能的超光速中微子报告的启发,阿德莱德大学的数学家吉姆·希尔(Jim Hill)和巴里·考克斯(Barry Cox)重新审视了狭义相对论的方程式,并得出了一些令人惊讶的结论。他们发现,这些方程可以完美地应用于超光速及无限大的速度中,其特性反映了物体运动接近光速时的特性(例如,接近无限大速度的物体质量会趋近于零)。

他们的发现将长期以来关于比光速更快的粒子(被称为"超光子")的想法纳入了数学框架中,但希尔和考克斯强调,他们的想法是基于数学运算的。考克斯解释说:"我们是数学家,不是物理学家,所以我们从理论数学的角度来处理这个问题。我们的论文没有解释具体实现方法,只是解释了运动方程在'超光速'条件下可能如何运作。"

更重要的是,这些方程在光速下仍然会崩溃(光速条件下它们会产生不能用于物理预测的数学"无限性")。因此,要达到超越光速的速度似乎仍有一段路要走。

第一颗被发现的耀变体最初被认为是反常的变星,直到 1968 年,天文学家才发现耀变体会发出无线电波,并且似乎嵌入在微椭圆的寄主星系中。这些特征都很接近一种名为"星系核(AGN)"的活跃类星体。今天,天文学家们通过测量来自寄主星系的光的"红移"来估计耀变体与地球之间的距离,"红移"能表明它们由于宇宙的整体膨胀而远离我们的速度,进而推算出它们有多远。通过对从星系中心核射出的单个无线电发射体进行成像,天文学家就可以计算出宇宙喷流的观测速度和真实速度。

· 圆盘环形体 ·
一个由尘埃和其他太空物质构成的吸积盘被位于 AGN 中心的黑洞的强大引力拉向中心。

· 正面图 ·
耀变体是位于星系中心的活跃星系核(AGN)的一个例子,但与侧面的类星体不同,它正面朝向地球。

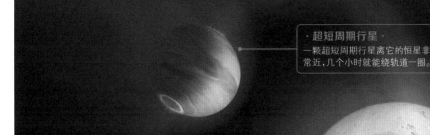

· 超短周期行星 ·
一颗超短周期行星离它的恒星非
常近，几个小时就能绕轨道一圈。

· 恒星 ·
哈勃望远镜发现了一颗高速超短
周期行星飞过这颗红矮星。距离
是地球到太阳的一百三十分之一。

太空中最快的行星

　　万有引力定律表明，行星绕其恒星运行的
轨道半径越小，行星在轨道上的移动速度就越
快。地球以 2.98×10^4 m/s 的平均速度沿其轨
道移动，而水星的最高速度高达 5.9×10^4 m/s。
但是，与银河系中移动速度最快的行星相比，
这些速度不算大。所谓的超短周期行星，或
称 USPPs，必须在几个小时内绕其恒星周期
运行。最近发现的这种类型的行星名为"开普
勒 –70b"。该行星被认为是一个曾经类似木
星的行星的固态核心，以 2.72×10^5 m/s 的平
均速度绕其恒星运行。没有任何行星能形成于
这样一个极端的轨道上，所以天文学家认为，
这些气体巨行星起源于太阳系中更远的地方，
然后通过与形成行星的物质云中的剩余物质相
互作用而向内旋转。这些"热木星"中的部分
不幸撞向其母星。流浪行星在产生超高速恒星
的过程被踢出了其行星系统（见上页），也可
以达到很高的速度。

宇宙射线：最快的粒子

　　宇宙射线是来自太阳系之外、以极高速度
在太空中运动的粒子。它们在与上层大气中的
气体碰撞后，会瓦解成更轻的、能量更低的粒
子雨，所以很少能完整地到达地球表面。然而，
通过跟踪这些次级粒子的速度和分布（使用卫
星和气球探测器），天文学家可以发现海量有
关初级宇宙射线特性的信息。

　　这些粒子可分为两个不同的类别，大部
分是仅含有两种最轻的元素氢和氦的原子核，
也有少量粒子含有锂和铍等较重的原子核。

大多数"普通"宇宙射线的速度约为光速的
99%。每秒钟都有数以万亿计的宇宙射线轰
击地球，而且有证据表明有相当一部分射线是
由遥远的超新星喷射出来的。

　　与此同时，更少见的超高能宇宙射线
（UHECRs）携带的能量更多，以略低于光速
的速度移动。UHECR 的来源似乎与遥远的活
跃星系位于同一方向，一些天文学家认为它们
是由高速旋转的超大质量黑洞充当天然粒子加
速器而产生的。

有史以来最快的宇宙飞船

2013 年 10 月，飞往木星的"朱诺号"（Juno）航天器在一次引力"弹弓"机动中飞过地球，速度得到提升，成为宇宙中最快的人造物体，相对于太阳以 4×10^4 千 m/s 的速度越过我们。"朱诺号"的"弹弓"利用了自 20 世纪 70 年代以来一直被用于探测遥远行星的技术，即航天器任由自身被一个行星的重力场"拖入"并加速，然后在靠近该行星的地方摆动，并通过其火箭发动机的精确定时运转沿另外的轨迹逃离。探测器相对于行星表面保持同步运动，但由于行星在移动，它可以从根本上改变其相对于整个太阳系的速度——实际上，航天器"偷"了一点行星的轨道动量，但由于行星比航天器重得多，"偷"来的一点动量可以对航天器产生巨大的影响。

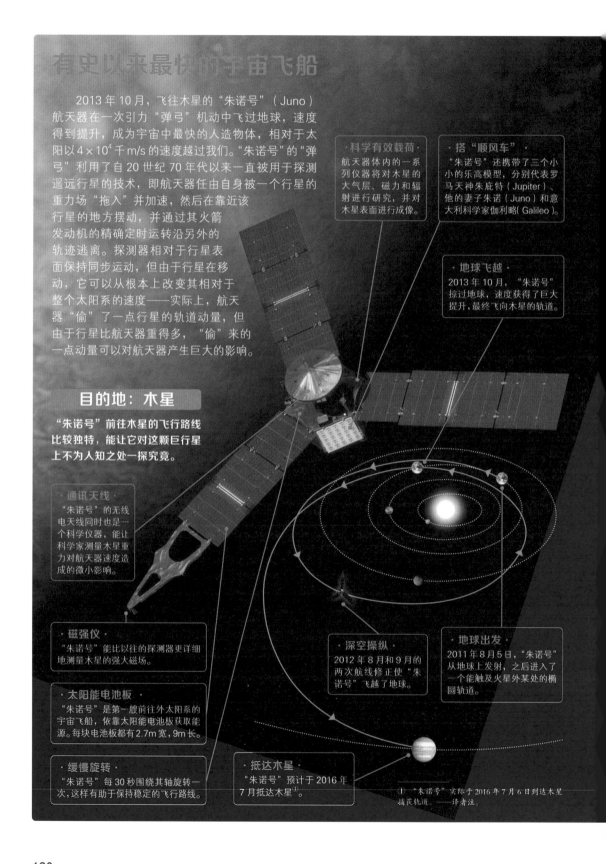

目的地：木星

"朱诺号"前往木星的飞行路线比较独特，能让它对这颗巨行星上不为人知之处一探究竟。

· 科学有效载荷 ·
航天器体内的一系列仪器将对木星的大气层、磁力和辐射进行研究，并对木星表面进行成像。

· 搭"顺风车"·
"朱诺号"还携带了三个小小的乐高模型，分别代表罗马天神朱庇特（Jupiter）、他的妻子朱诺（Juno）和意大利科学家伽利略（Galileo）。

· 地球飞越 ·
2013 年 10 月，"朱诺号"掠过地球，速度获得了巨大提升，最终飞向木星的轨道。

· 通讯天线 ·
"朱诺号"的无线电天线同时也是一个科学仪器，能让科学家测量木星重力对航天器速度造成的微小影响。

· 磁强仪 ·
"朱诺号"能比以往的探测器更详细地测量木星的强大磁场。

· 太阳能电池板 ·
"朱诺号"是第一艘前往外太阳系的宇宙飞船，依靠太阳能电池板获取能源。每块电池板都有 2.7m 宽，9m 长。

· 缓慢旋转 ·
"朱诺号"每 30 秒围绕其轴旋转一次，这样有助于保持稳定的飞行路线。

· 深空操纵 ·
2012 年 8 月和 9 月的两次航线修正使"朱诺号"飞越了地球。

· 抵达木星 ·
"朱诺号"预计于 2016 年 7 月抵达木星[1]。

· 地球出发 ·
2011 年 8 月 5 日，"朱诺号"从地球上发射，之后进入了一个能触及火星外某处的椭圆轨道。

[1] "朱诺号"实际于 2016 年 7 月 6 日到达木星捕获轨道。——译者注。

超高速恒星

行星的运转速度受其与母星之间的距离影响，类似地，靠近银河系核心的恒星也比远处的恒星移动得快。例如，我们的太阳（约在银河系扁平圆盘半径的一半处）以 2.3×10^5 m/s 的速度沿其轨道移动。但是，在我们银河系盘面两侧的太空里，发生着名为"超高速恒星"的高速逃逸现象。这些恒星的运动速度如此之高，以至于达到了逃逸速度——不低于 7×10^5 m/s，银河系的引力再也不足以让它们减速了。

这些超高速恒星的路径通常可以追溯到银河系的中心，一种流行的解释是，双星系统的一方与中心黑洞近距离接触后被弹射出去，就会创造出超高速恒星。然而，并非所有的超高速星都来自这个区域，所以很可能有几种因素在同时起作用。另一个理论认为，超高速恒星在质量更大的一方毁灭于超新星爆炸后，被从紧密结合的双星系统中"解救"出来。

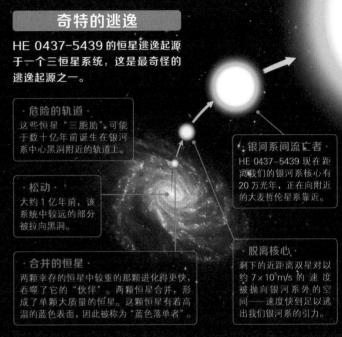

奇特的逃逸

HE 0437-5439 的恒星逃逸起源于一个三恒星系统，这是最奇怪的逃逸起源之一。

· 危险的轨道 ·
这些恒星"三胞胎"可能于数十亿年前诞生在银河系中心黑洞附近的轨道上。

· 松动 ·
大约 1 亿年前，该系统中较远的部分被拉向黑洞。

· 合并的恒星 ·
两颗幸存的恒星中较重的那颗进化得更快，吞噬了它的"伙伴"。两颗恒星合并，形成了单颗大质量的恒星。这颗恒星有着高温的蓝色表面，因此被称为"蓝色落单者"。

· 银河系间流亡者 ·
HE 0437-5439 现在距离我们的银河系核心有 20 万光年，正在向附近的大麦哲伦星系靠近。

· 脱离核心 ·
剩下的近距离双星对以约 7×10^5 m/s 的速度被抛向银河系外的空间——速度快到足以逃出我们银河系的引力。

翘曲因素：事实还是虚构？

爱因斯坦的狭义相对论表明，物体在太空中移动的速度不可能超过光速（或者至少不可能通过光速障碍），未来的太空先驱们能否找到克服这一问题的方法？其中一个方法是利用时间膨胀效应，对于以相对论速度运动的航天器上的工作人员来说，时间会流逝得更慢，也许可以让他们在对他们来说似乎只有几个月的时间里穿越许多光年的距离。

但爱因斯坦的广义相对论表明，时空是一个可以扭曲变形的四维"簇"（拓扑学的空间或面），这提供了另一种思路，即"曲速驱动器"。1994 年，墨西哥物理学家米格尔·阿尔库比埃尔（Miguel Alcubierre）首次提出，这种装置能压缩它前面的时空区域、扩大它后面的时空区域，使本身正常空间的一个"气泡"跨越遥远的距离。泡沫内的航天器可以以相对于其周围环境的正常速度移动，而泡沫本身能以比光速更快的速度移动，这实际上并不违反爱因斯坦的理论。

美国航空航天局的科学家哈罗德·桑尼·怀特（Harold 'Sonny' White）后来证明，一个甜甜圈形状的时空扭曲区域可以急剧减少曲速驱动器需求的能量。尽管实际挑战仍然巨大，但怀特在约翰逊太空中心的团队已经着手进行在微观层面展示曲速效应的实验，且未来可能会扩大实验规模。因此，"联邦星舰进取号"（Starship Enterprise，美国著名科幻系列电影《星际迷航》中的宇宙飞船）仍有望变为现实……

测量星系质量

我们如何才能测量出宇宙中星系的质量？

给一个星系称重可能听着有点奇怪，毕竟我们不能把它放在一套巨大的宇宙天平上。但是通过使用一些巧妙的观察和复杂的方程式，确实有可能计算出宇宙中其他星系的质量。

实际上有很多方法可以做到这一点。一个比较流行的方法是观察一个星系中恒星的轨道运动。质量较大的星系中的恒星会比质量较小的星系中的恒星运动得更快，所以测量它们的速度可以帮助科学家们找出答案。科学家们还研究了星系的整体旋转速度，以计算出其质量。他们通过测量红移或蓝移（星系的某一面远离或朝向我们移动的数量）来实现目的，并观察光在光谱的两端移动了多少。另一种方法是观察附近星系对空间中的星团所施加的引力。引力越大，星系的质量就越大，我们可以用这个来估计它到底有多重。

另一种方法涉及引力透镜。引力透镜是指一个星系在我们的视线中从一个遥远的物体前面经过时引起的透镜效应。根据透镜星系的引力强度（以及因此而产生的质量），可以产生或大或小的透镜效应。该现象由爱因斯坦预测，因此被称为"爱因斯坦环"。然而，这类事件在宇宙中很罕见，所以我们以这种方式测量一个星系的可能性很小。

一个爱因斯坦环可以帮助我们测量一个透镜星系的质量。

两种测量方式

以下是用来估计ESO 325-G004星系质量的两种方式

· 超大型望远镜 ·
使用地球上的望远镜，这里是用超大望远镜（VLT）来观测星系。

· 哈勃太空望远镜 ·
像哈勃太空望远镜这样的望远镜也可以用来测量星系质量。

银河

我们可以测量其他星系的质量，但是如果不能从远处看清全貌，又该如何测量自己的星系呢？最好的方法是测量我们星系中恒星的速度和运动，尽管需要测量至少10万颗恒星，甚至数百万颗才能得到一个准确的质量。

另一个得到准确质量估计的方法是观察我们星系背后的"追踪器"，即现在处于银河系身后的流星和星系碎片，它们的速度和角动量可以告诉我们它们被我们的星系拉了多少，从而推算出星系的质量。最新的估算表明，我们银河系的质量大约是太阳质量的9600亿倍。

由于我们在银河系内部，要测量其质量很困难。

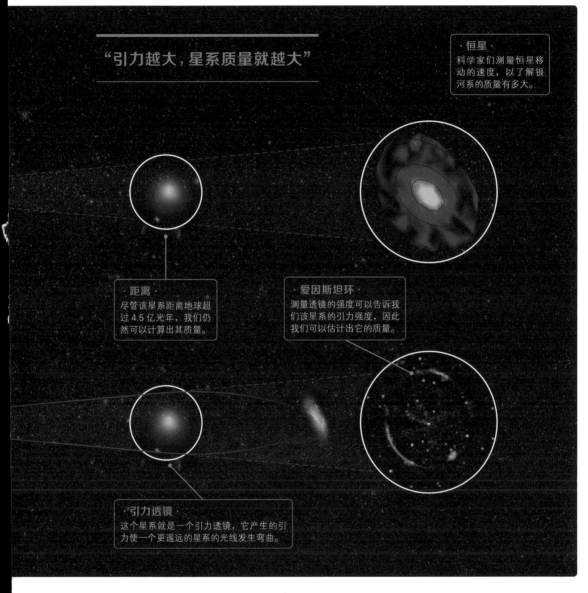

"引力越大,星系质量就越大"

· 恒星 ·
科学家们测量恒星移动的速度,以了解银河系的质量有多大。

· 距离 ·
尽管该星系距离地球超过 4.5 亿光年,我们仍然可以计算出其质量。

· 爱因斯坦环 ·
测量透镜的强度可以告诉我们该星系的引力强度,因此我们可以估计出它的质量。

· 引力透镜 ·
这个星系就是一个引力透镜,它产生的引力使一个更遥远的星系的光线发生弯曲。

隐藏的质量

测量星系质量会引发星系旋转曲线的问题。一个溜冰者在旋转过程中合拢手臂时,会转动得更快,因为这样质量更集中于他们的身体中心。类似地,在一个星系中,你或许认为靠近中心的恒星一般也会移动得更快,但事实并非如此。相反,我们发现靠近旋转星系边缘的恒星实际上移动更快。科学家们认为这是看不见的暗物质造成的。暗物质的引力牵引使边缘的恒星比理论预测的速度更快,从而有助于消除对星系引力和质量测量中的偏差影响。

科学家认为暗物质会影响星系的旋转速度。

出品人：许 永
出版统筹：林园林
责任编辑：吴福顺
责任技编：吴彦斌
　　　　　马 健
特邀编辑：嘉 嘉
封面设计：墨 非
内文制作：张晓琳
印制总监：蒋 波
发行总监：田峰峥

发　　行：北京创美汇品图书有限公司
发行热线：010-59799930
投稿信箱：cmsdbj@163.com

创美工厂
官方微博

创美工厂
微信公众号

小美读书会
微信公众号

小美读书会
读者群